KB067844

침 대 에 서
읽는 과학

침대에서 읽는 과학

이종호 지음

염색체에서 우주까지
과학으로 보는 일상

머리말

지구상에 생명체가 태어난 것이 언제인지 정확히 추정할 수는 없지만 대체로 30억 년 전 박테리아가 살기 시작하고 5억 5,000만 년 전 고생대부터 동식물이 폭발적으로 늘어났다고 본다. 이후 쥐라기부터 백악기까지 약 1억 6,500만 년 동안 공룡의 세상이었다가 6,500만 년 전에 갑자기 공룡이 멸종하면서 설치류 등 포유류의 세상이 된다. 이후 진화에 진화를 거쳐 인류의 조상이 600~700만 년 전 아프리카에서 태어났고, 인류는 비약적인 성장 가도를 달려 현재 지구 생태계의 최상위를 점하고 있다.

어떤 연유로 지구상에 태어난 수많은 생명체 중에서 인간이 백수의 왕이 된 것일까? 학자들은 인간이 현재와 같은 위치를 점하게 된 이유로 이족보행과 손 사용 등 여러 가지 요인을 들지만 치아의 특성도 큰 역할을 했다고 인식한다. 인간은 치아 틈새인 디아스테마diastema가 없다. 개는 위턱 앞에 디아스테마가 있다. 동물들은 아래 어금니가 길고 비스듬히 튀어나오기 때문에 윗어금니와 인접한 앞니 사이에 일정한 틈이 생긴다. 이 틈새 때문에 먹이를 먹는 데 꼭 필요한 어금니가 충분히 자랄 수 있으며 이빨 사이에 찌꺼기가 끼지 않는다. 반면 인간은 치아가 위아래로 곧게 내려온다. 한마디로 치아 사이에 틈이 거의 없다.

인간의 선조인 호모Homo는 원래 초식동물이었다. 초식동물은 디아스테마가 없어도 큰 문제가 없다. 이 사이에 음식물이 낄 이유가 별로 없기 때문이다. 그런데 약 200만 년 전 초식동물인 호모가 무슨 연유인지 고기를 먹기 시작했다. 아직 불을 사용하지 못하던 호모는 음식물을 날로 먹었고, 고기 찌꺼기가 이 사이에 끼었을 때 매우 불편했을 것이다. 학자들은 이 불편함을 제거하기 위해 이쑤시개를 발명했다고 추정하는데, 이에 따르면 이쑤시개는 인류가 창안한 최초의 발명품이다.

인류학자들이 호모가 사용했다는 이쑤시개 유물을 찾아낸 것은 아니다. 그러나 초기 인류의 치아에 남아 있는 홈을 분석해

커다란 이쑤시개를 사용한 흔적을 찾아냈다. 애리조나주립대학의 크리스티 G. 터너 2세Christy G. Turner II는 에티오피아 오모Omo에서 발견된 180만 년 전 인류의 선조종인 호모하빌리스Homo habilis의 이 사이에 있는 홈처럼 파인 자국은 이쑤시개를 사용한 것이라고 단언했다. 이 홈은 호모사피엔스Homo sapiens를 비롯해 13만 년에서 3만 5,000년 전 유럽과 아시아에 살았던 호모사피엔스사피엔스Homo sapiens sapiens의 치아에서도 발견된다.

이에 낀 고기를 제거하기 위해 전봇대와 같이 큰 것을 사용할 수 없다. 이에 낀 고기를 제거하기 위해서는 이 크기에 맞는 이쑤시개를 사용해야 하는데, 이런 선별 능력이 지식으로 변모했고 축적된 지식으로 인간이 결국 지상의 패자가 되었다는 것이다. 이쑤시개를 발명한 이후 인간은 더욱 편리하게 살기 위해 유익한 도구들을 만들어냈다.

인간의 장점은 자신이 모르는 것을 미스터리로만 치부하지 않는다는 데 있다. 역사시대로 들어오면 미스터리는 업그레이드된다. 과거에 만들어진 영웅과 신화 등 확인하기 어려운 것은 부풀려지기 마련이므로 흥미의 대상이 되지만, 과학은 이를 미스터리로 남기는 데 동조하지 않는다. 과학은 인간의 궁금증을 하나하나 풀어가며 이를 인간의 지식 창고에 저장한다.

그러나 이러한 지식이 백과사전에 저장되어 있다고 해서 인간에게 도움이 되는 것은 아니다. 사실 많은 정보가 있어도 이를 활용하지 못하는 것은, 정보에 쉽게 접근하지 못하기 때문이다. 그러므로 일반 상식과 궁금증을 쉽게 설명해주는 것이 필요하다. 많은 사람이 생활 속의 의문을 풀어서 설명해달라고 요청해왔다. 『침대에서 읽는 과학』은 생활 속 의문들을 과학이라는 잣대로 풀이해보자는 의도에서 집필하게 되었다. 우리 주위에서 일어나는 일에 관심이 있는 사람이라면 누구나 흥미 있게 읽을 수 있다는 것이 이 책의 장점이다. 각 장의 내용은 길지 않아서 누구나 언제 어디서든 부담 없이 읽을 수 있다. 한순간조차 바쁘게 활용하는 현대인에게 가장 큰 덕목이 아닐 수 없다.

물론 이 책 한 권으로 모든 궁금증을 설명할 수 있는 것은 아니다. 주제 선택에 한계가 있을 수밖에 없다. 하지만 내가 가장 좋아하는 말은, 아무리 늦어도 늦은 것이 아니며 아무리 적은 양이라 해도 적은 것이 아니라는 말이다. 이 책에서 다루는 소재는 대부분 중·고등학교 교과과정을 비롯해 일상생활에서 꾸준히 제기되는 의문점이니, 이 책을 계기로 과학에 좀더 친근해지기를 바란다.

2018년 1월

이종호

차
례

chapter 1

지구의 비밀을 벗겨주는 과학

일본이 독도를
탐내는 이유

불타는 얼음

21세기가 시작되면서 미국 국립과학재단NSF에서 새로운 세기에 해양과학에서 해야 할 가장 중요한 연구 주제 27개를 발표했는데, 이 중에서 3개가 메탄 하이드레이트methane hydrate에 관한 것이었다. 메탄 하이드레이트는 천연가스의 주성분인 메탄을 함유한 얼음 상태의 물질로, 메탄 등 가스 분자가 물 분자 안에 들어가서 만들어진 기포 모양의 결정체인데 '불타는 얼음fire ice'이라는

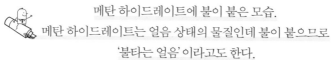 메탄 하이드레이트에 불이 붙은 모습.
메탄 하이드레이트는 얼음 상태의 물질인데 불이 붙으므로
'불타는 얼음'이라고도 한다.

별칭으로도 불린다.

메탄 하이드레이트의 기원은 2가지로 설명할 수 있다. 첫 번째는 해저 미생물의 발효로 발생했다는 생물분해 기원이고, 두 번째는 가스와 생물의 유해가 지층 속에서 열과 압력을 받아 발생했다는 열분해 기원이다. 전 세계적으로 메탄 하이드레이트가 부존賦存된 지역에서 심해 시추로 확인된 천연가스 수화물은 대부분 생물분해로 형성된 것인데, 박테리아가 생물의 유해를 분해하고 메탄가스를 분비해 물 분자와 결합해 수화물을 형성한 것이다. 따라서 메탄 하이드레이트는 주로 유기물의 유해가 풍부하고 산화되기 전에 빠른 퇴적이 일어나는 환경에서 생성된다.

메탄 하이드레이트는 1810년 영국의 화학자인 험프리 데이비Humphry Davy가 처음으로 합성했고, 1930년대에 들어서면서 주목을 받았다. 동토 지역에서 천연가스전을 개발하자 이 얼음덩어리가 가스관을 막아 자주 심각한 문제를 일으켰기 때문이다.

1930년대에 천연가스 개발의 골칫거리로 등장했던 메탄 하이드레이트가 주목받는 것은 차세대 에너지원으로 개발 가능성이 높기 때문이다. 지금까지 인류의 주요 에너지원은 목재·석탄·석유였지만 앞으로는 천연가스가 주종을 이룰 것이다. 우리나라에서도 사용하고 있는 천연가스는 석유나 석탄에 비해 탄소를 포함하는 성분 비율이 낮아서 연소했을 때 이산화탄소 배출량이 적고 유해 물질도 많이 배출되지 않는 장점이 있다. 그러나 천연가스 역시 매장량은 한정되어 있어 2060년경에는 고갈될 것으로 추측한다.

학자들이 메탄 하이드레이트에 남다른 매력을 느끼는 것은, 같은 양의 에너지를 만드는 데 석유보다 1.5배, 석탄보다는 2배 적게 이산화탄소를 발생시키는 청정에너지라는 점이다. 특히 메탄 하이드레이트는 유체 투수율이 낮아 덮개암cap rock 구실을 하므로 아래층에 석유 자원이 매장되었는지 알려주는 표시물이기도 해서 유전 개발에 매우 중요한 물질이다. 해저에 석유 자원이 부존된 지역을 탐사해보면 통상 맨 위쪽에 얼어붙은 하이드레이트층이 나타나고 그 아래에 천연가스와 원유가 있다.

독도 밑에 묻힌 보물

메탄 하이드레이트는 알래스카·캐나다·러시아 등 북극권 영구 동토 지역의 지표에서 1,200~1,300미터 아래에 매장되어 있다고 한다. 매장량은 천연가스로 환산할 때 1,000조에서 5경 세제곱미터로 추정한다. 이는 현재 전 세계에서 사용하는 에너지의 200~500년어치에 해당하는 엄청난 양이다. 학자에 따라서는 이보다

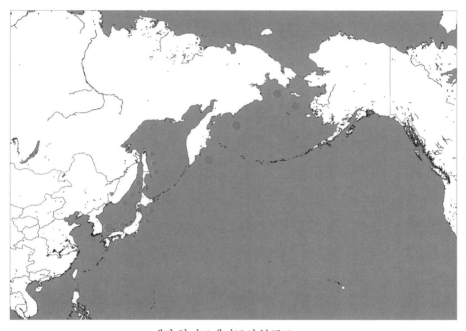

메탄 하이드레이트의 분포도.
독도도 주요 매장지로 주목받고 있다.

많이 부존되어 있다고 보기도 하는데 5,000년은 걱정 없이 쓸 수 있는 양이라고 보는 사람도 있다. 미국 에너지부는 미국 배타적 경제수역EEZ 안에 부존된 메탄 하이드레이트의 1퍼센트만 개발해도 미국에서 80년 동안 사용할 수 있다고 말한다.

한국석유공사와 한국지질자원연구원, 한국가스공사 기술진이 주축이 된 가스 하이드레이트 사업단은 2000년부터 독도 등 동해 전역을 조사해 울릉분지의 해저층에서 메탄 하이드레이트 구조를 발견했다고 발표했다. 이는 세계에서 5번째로 확인된 것일 뿐 아니라, 일본·인도·중국 등 먼저 시추된 지역보다 규모가 크다. 매장이 추정되는 곳은 해저면 아래 400~1,000미터 지역인데 동해 대륙붕 가운데 울릉분지 주변에만 약 6~8억 톤의 메탄 하이드레이트가 매장되어 있다. 국내 연간 LNG 사용량 2,700만 톤을 기준으로 환산할 때 200~300년 이상 사용할 수 있는 분량으로 추정한다. 매장된 양을 모두 개발하면 무려 150~200조 원의 수입 대체 효과를 얻을 수 있다고 한다.

물론 메탄 하이드레이트를 개발하는 것이 간단한 일은 아니다. 우선 심해저에 매장된 메탄 하이드레이트를 압력과 온도를 그대로 유지한 채 채취하는 기술이 개발되어야 한다. 또한 심해저의 메탄 하이드레이트가 파이프라인, 노즐 등에 유발하는 플러깅plugging 현상은 물론 심해저 유전 개발할 때 생기는 문제점들을 사전에 해결해야 한다.

환경적인 문제도 해결해야 한다. 물과 가스 분자는 화학적 결합이 아닌 물리적 결합으로 이루어져 있어서 해리解離 조건에서 물과 가스로 분해되는데, 이렇게 분해된 메탄이 그대로 대기 중에 방출된다면 심각한 온실효과가 나타날지 모른다. 메탄은 이산화탄소보다 약 20배 심한 온실효과를 일으키는 가스로, 방출되면 대기 온도를 크게 상승시킨다. 시추 시 온도가 높아지거나 압력이 낮아지면 고체 안의 메탄 하이드레이트는 가스와 물로 해리된다. 고체 상태의 메탄 하이드레이트 1세제곱미터가 가스와 물로 해리되면 약 164세제곱미터의 메탄가스가 된다. 많은 학자가 5,500만 년 전 후기 팔레오세에 있었던 극단적인 지구온난화 현상이 메탄 하이드레이트 때문이라고 한다.

약 8,000년 전 노르웨이 해저에서도 메탄가스가 분출되었는데 당시 가스가 분출된 해저 구멍은 약 100여 개며 직경은 3,000미터에 달한다. 메탄가스 분출량은 약 3,500억 톤으로 추정하는데, 같은 상황이 재현될 경우 지구 기온은 4도, 수온은 2도 정도 급상승할 것으로 추정한다. 메탄 하이드레이트에 포함된 메탄가스의 양은 대기권에 존재하는 양의 300배로 예상되므로 시추 과정에서 메탄의 방출을 막는 기술이 관건이다.

메탄 하이드레이트의 미래

한국과학기술원KAIST의 이흔 교수는 메탄 하이드레이트에서 메탄을 빼낸 후에 지구온난화의 주범인 이산화탄소를 다시 삽입하는 메커니즘을 발표해 전 세계의 주목을 받았다. 이 방법이 실용화된다면 앞에서 언급한 문제가 해결됨과 동시에 환경도 보호할 수 있다.

남극 세종기지 연구팀은 사우스세틀랜드 제도 북동 해역에 메탄 하이드레이트가 대량 매장되어 있음을 밝혔다. 국내 소비량의 약 400년치에 해당하는 매장량이다. 남극은 어느 나라의 소유권도 인정되지 않는 지역으로, 각국의 자유로운 연구 활동이 이루어지고 있다. 메탄 하이드레이트는 지구 환경에 중요한 요인인데다 미래의 에너지원으로 각광받는 에너지이므로 한국이 주도적으로 메탄 하이드레이트 연구에 박차를 가하고 있다는 것은 매우 고무적인 일로 보인다.

보통 일본이 독도에 집착하는 이유는 한국에 독도를 양보할 경우 '러시아가 차지한 북방 영토를 영원히 되찾지 못할 전례를 남길지 모르기 때문'이라고 한다. 또한 중국과 분쟁이 있는 센카쿠 열도(댜오위섬)에 대한 영유권에도 영향을 미칠 것으로 생각해 영토 확장이나 '밀져야 본전'이라는 식으로 생떼를 부린다는 것이다. 하지만 근래 일본이 무리한 논리를 내세우면서 독도에 관심을 갖는 이유는 바로 독도 주변에 매장된 메탄 하이드레이트 때문이라는 것이 전문가들의 공통된 의견이다.

백두산은
정말 폭발할까?

'불의 신'이 사는 산

화산volcano은 로마신화에 등장하는 불의 신 불카누스Vulcanus의 이름을 따서 붙인 것이다. 불카누스는 못생긴 절름발이 신으로 묘사되는데, 화산이 그만큼 못된 인상을 주었기 때문이다. 실제로 화산 폭발은 지구상에서 매우 위험한 사건 중 하나다.

인류가 기억하는 가장 오래된 화산 폭발은 기원전 693년에 있었던 그리스의 에트나 화산 폭발이다. 에트나 화산은 높이 약

3,329미터(활화산으로 높이가 계속 변한다)로 유럽에서 가장 높은 활화산이다. 약 250만 년 전부터 화산활동이 시작되었을 것으로 추정되는데, 200번 넘게 폭발한 것으로 알려져 있다. 가장 잘 알려진 화산 재해 중 하나는 79년 폭발한 이탈리아의 베수비오 화산이다. 이 폭발로 이탈리아 남부 나폴리만灣 기슭에 있던 고대 도시 폼페이가 화산재에 완전히 덮여버렸다.

백두산의 역사

전 세계 사람이 백두산에 관심을 갖는 것은, 백두산이 폭발할지 모른다는 우려 때문이다. 게다가 백두산은 과거에 폭발한 전력이 있다. 백두산의 현재 지형은 수억 년의 지질 활동과 여러 차례의 대규모 화산활동으로 만들어진 것이다. 백두산 일대는 적어도 약 2,840만 년 전부터 화산 분화가 있었고, 100만 년 전까지 대지에 갈라진 틈새를 따라 용암이 분출했다. 용암이 여러 차례 분출하면서 개마고원 일대에 용암대지가 형성되었고, 경사가 완만한 돔 모양의 순상화산체shield volcano도 만들어졌다. 이것이 현재 백두산의 하부를 이루고 있다. 이 위에 60만 년 전부터 1만 년 전까지 화산활동으로 점성이 큰 용암과 화성쇄설물(화산 폭발로 방출된 다양한 크기의 암석 조각)이 교대로 쌓여 경사가 급한 성층화산체strata volcano가 형성되었다.

백두산은 계속 폭발했는데 4,000년 전과 1,000여 년 전 대분화가 일어나서 성층화산체의 상층 부분이 함몰되면서 거대한 호수인 천지天池가 만들어졌다. 천지 내에는 크게 보면 3개의 분화구가 있는데, 이 중 2개는 946년과 947년의 대폭발 당시 만들어진 것이다. 즉 우리가 알고 있는 백두산의 모습이 완성된 것은 불과 1,000여 년 전이라는 이야기다. 이후에도 백두산은 계속 분화했는데 마지막 분화 기록은 1903년의 것이다.

『고려사高麗史』「세가世家」에 "이 무렵 하늘에서 고동 소리가 들려 사면했다"라는 기록이 있다. 『고려사절요高麗史節要』는 백두산이 폭발한 날을 10월 7일로 기록했다. 『일본약기日本略記』는 "정월(947년) 2월 7일에 하늘에서 천둥 같은 소리가 났다"고 했다. 946년에 이어 947년에도 백두산이 폭발했다는 뜻이다. 지질학자들은 이때의 폭발 증거를 일본에서 찾았다. 백두산 화산재는 편서풍을 타고 동해 바닥에 10센티미터, 일본 홋카이도 남부와 혼슈 북부에 5센티미터의 화산재 층을 남겼다.

946년과 947년 백두산이 폭발할 때의 화산폭발지수VEI, Volcanic Explosivity Index는 7.4이며 분출된 화산재는 100~150세제곱킬로미터로 추정된다. 백두산 분출은 1815년 '여름 실종' 사태

백두산에는 온천이 있으며 지표의 물이 끓는 등
화산활동의 전조를 관찰할 수 있다. 백두산 천지의 모습.

를 부른 인도네시아 탐보라 화산 폭발과 함께 기록으로 남겨진 세계 최대 규모의 화산활동인 셈이다.

천지 분화구에서 분출된 화산재와 가스는 강한 편서풍을 타고 함경도를 거쳐 초속 120미터로 1,000킬로미터 이상 떨어진 동해와 일본 홋카이도까지 퍼졌다. 궈정푸郭正府 중국과학원 연구원은 이 당시 불화수소 약 2억 톤과 아황산가스 2,300만 톤이 함께 분출되어 야생동물과 가축이 질식하고 산성비가 내렸으며 성층권의 오존층도 파괴되었다고 추정했다. 백두산은 조선시대에도 폭발했다는 기록이 보인다. 기록을 보면 1413년, 1420년, 1597년, 1668년, 1702년, 1903년 분화했으며 그 후 100여 년 넘게 화산활동을 멈추었다.

 꿈틀거리는 백두산 아래 마그마

KAIST 인공위성연구센터 채장수 박사는 "백두산 아래 마그마가 들어차 있는 마그마 방magma chamber 2~4개가 자리 잡고 있다"고 했다. 마그마 방에 뜨거운 마그마가 밀려들면 마그마 방 전체가 출렁거리고, 휘발성 가스와 수증기가 나오면서 압력이 커진다. 임계 조건을 넘으면 일시에 화산가스가 팽창하면서 폭발한다.

백두산 아래 마그마의 움직임은 지각판의 이동과 관련 있다. 태평양 아래 지각판인 태평양판이 일본 동해안 쪽에서 유럽·아시아 대륙을 이루는 지각판인 유라시아판과 만난다. 태평양판이 유라시아판 아래로 파고 들어가고, 그로 인해 백두산 아래 마그마 방에 마그마가 채워지는 것이다.

문제는 백두산이 다시 꿈틀거리기 시작했다는 데 있다. 천지 주변에는 매달 10~15차례 지진이 발생하고 있다. 백두산이 폭발하면, 천지에 있는 20억 톤에 이르는 물 때문에 다른 화산 폭발보다 피해 규모가 클 것으로 보인다. 백두산 폭발로 대홍수가 발생해 주변에 큰 피해를 주고, 막대한 양의 화산재가 멀리 날아가 화재를 일으키면서 주위를 폐허로 만들 수 있기 때문이다. 특히 백두산 마그마가 점성이 높은 유문암流紋巖 성분이어서 한꺼번에 분출되면 파괴력이 더 커진다. 역사시대의 대규모 분출 기록과 최근의 전조 증상을 바탕으로 화산학자들은 백두산을 고위험 화산으로 분류한다.

백두산은 현재 중국과 북한이 점령하고 있는데 중국 국가지진국은 1999년 천지의 온천 북쪽에 천지화산관측소를 설립해 분출에 대비하고 있다. 천지화산관측소가 마그마 공급 속도를 근거로 계산한 최악의 시나리오는 격렬한 폭발과 함께 6센티미터 이상의 화산탄이 날아가고, 화산재가 10~15센티미터 두께로 쌓여

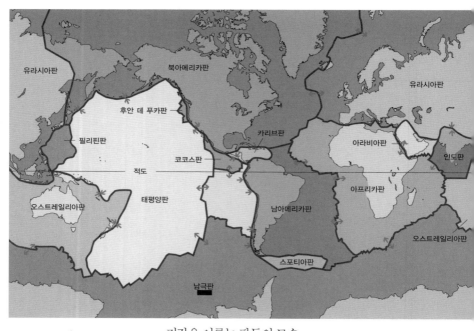

유라시아판

북아메리카판

후안 데 푸카판

카리브판

유라시아판

필리핀판

아라비아판

코코스판

인도판

적도

오스트레일리아판

태평양판

남아메리카판

아프리카판

오스트레일리아판

남극판

스포티아판

지각을 이루는 판들의 모습.
태평양판이 유라시아판 아래로 파고들면서 백두산 아래에
마그마가 채워지고 있다고 추정한다.

건물이 무너지는 것이다. 학자들은 백두산이 10세기에 폭발할 때 1만 4,000~3만 3,000제곱킬로미터 범위에 10~30센티미터 두께로 화산재가 쌓였다고 추정한다. 화산재가 1센티미터만 덮여도 농작물은 치명적 피해를 입는다. 마그마에 포함된 다량의 불소는 유독가스가 되어 사람과 가축을 질식시킨다. 관측소는 1,000년 전의 분출이 되풀이된다면 중국과 북한, 일본 북부 등 남한 면적의 7배에 달하는 지역이 심각한 피해를 입을 것으로 예측했다.

실제로 백두산의 분화 징후로 보이는 현상도 포착되고 있다. 최근 천지 바로 아래, 지하 2~5킬로미터 지점에서 화산지진이 증가했다. 또 백두산 천지 주변 외륜산의 암반이 붕괴되고, 균열이 생겼다. 천지 주변의 암석 절리(틈새)를 따라 화산 가스가 분출해 주변 일부 수목이 고사했다. 김진섭 부산대학교 교수는 GPS를 이용해 백두산 천지 주변 지형의 연간 이동속도를 관측한 결과 2002년 8월부터 2003년 8월까지 천지 북측의 수평·수직 연간 이동속도가 약 연 45~50밀리미터로 활발해졌다고 했다.

윤성효 부산대학교 교수는 백두산이 분화할 근거로 다음 3가지를 들었다. 첫째, 천지에서 화산 가스로 인한 기포가 발견되었다. 둘째, 2010년 중국·북한·러시아 국경 지대에서 발생한 규모 6.9의 강진이 백두산 지하의 마그마를 자극했을 가능성이 크다. 셋째, 2002~2007년 백두산 천지의 지형이 10센티미터 이상

솟아오르는 등 지형 변화가 확인된다. 윤성효 교수는 백두산이 1,000여 년 전 수준으로 분화·폭발한다면 그 후유증이 일본 후쿠시마 원자력발전소 사고와 비교가 안 될 정도로 심각할 것이라고 주장했다.

백두산 폭발, 당장은 아니다

한국인들이 궁금해하는 것은 백두산이 언제 폭발하는지다. 이 질문에 대한 답은 학자에 따라 다르다. 일본 규슈대학의 에하라 사치오江原幸雄 교수는 백두산의 폭발 주기가 임박했다고 주장한다. 반면에 많은 한국 학자는 백두산이 폭발한다는 것이 사실일지라도 아직은 아니라고 주장한다. 무엇보다 2006년 이후 지진 발생 빈도가 낮아지고 있다. 중국 지진국 지질연구센터의 쉬젠둥許建東 연구원도 백두산 화산이 아직 폭발 단계에 이르지는 않았다고 주장했다. 백두산의 분출 잠복기는 약 300년(또는 1,000년)으로, 다음 100년 안에 분출할 확률이 매우 높지만 정확한 시기는 알 수 없다. 김진섭 교수도 백두산이 활화산이지만 폭발 시기가 이르면 10년 이내일 수도 있고 100년 이내일 수도 있다고 피력했다.

　한국지질자원연구원의 이윤수 박사는 중국이 1999년부터 관측소를 세워 데이터를 축적하고 있는데 이 자료를 바탕으로 추정해도 1~2개월 뒤 분화 가능성만 예측할 수 있다고 설명했다. 항간에 떠도는 백두산이 5년 내 폭발할지 모른다는 가정은 과학적인 근거가 없다는 지적이다. 특히 백두산이 10세기 중반 때와 같이 대규모 폭발할 것이라는 근거도 아직 없다. 백두산이 10세기 중반 대폭발한 이후 5~6번 분화 기록이 있지만 모두 규모가 작았다.

그러면 화산 폭발을 미리 알 수는 없을까? 화산 폭발은 지하에 웅크리고 있던 마그마가 지상으로 분출하는 것이다. 따라서 화산 폭발의 요체는 마그마이며, 마그마의 움직임을 얼마나 정밀하게 알아내는지가 화산 폭발 예측 시스템의 핵심이다.

마그마를 관측하는 방법은 다양하다. 우선 지진파를 발사해 마그마의 상태를 알아내는 것이다. 지진파는 액체인 마그마를 만나면 고체인 암석에서와는 다르게 진행한다. 두 번째 방법은 GPS와 지상의 위치 정보 측정 장치를 결합한 DGPS(정밀위성지리정보시스템)로 해당 지점의 지형 변화를 읽어내는 것이다. GPS의 오차가 통상 수 미터 내외인데, DGPS의 오차는 1센티미터 안팎이다. DGPS를 사용해 땅속의 마그마 변화를 간접적으로 알 수 있다.

위성을 사용한 또 다른 관측 도구로는 합성영상레이더SAR, Synthetic Aperture Radar가 있다. 합성영상레이더는 가시광선보다 파

안데스산맥에 있는 퉁구라우아 화산이 폭발하는 모습.
퉁구라우아 화산은 1999년 이후 활발하게 활동하고 있지만
다행히 폭발 규모가 크지는 않다. 하지만 백두산은 폭발한다면
상당히 대규모 폭발이 될 것이다.

장이 긴 마이크로파를 사용한다. 인공위성에서 합성영상레이더를 사용해 마이크로파를 지상으로 보내면 마이크로파는 지하 수 미터까지 내려가 땅속 정보를 전달한다.

　　백두산이 폭발하면 대한민국에 어떤 영향을 미칠까? 백두산이 폭발한다면 얼마 동안은 화산재로 정밀 제조업 결함, 호흡기 질환 증가, 항공기 결항 등 피해가 있겠지만 주 피해지는 중국과 북한, 일본이 될 것이다. 고려시대의 대폭발 때도 그랬지만 화산재가 편서풍을 타고 함경도와 동해를 거쳐 일본으로 퍼지기 때문이다.

원자력발전소는
지진에 안전할까?

지진의 공포

세계에서 가장 지진이 많이 일어나는 지역은 두 군데다. 첫 번째 지역은 환태평양지진대다. 이 지역은 캄차카반도, 알래스카, 북미 연안을 통과해 남미에 뻗어 있고, 거기서 호주 쪽으로 방향을 돌려 인도네시아, 중국 연안을 통과해 일본에 이른다. 두 번째 지역은 지중해지진대다. 이 지역은 포르투갈과 스페인에서 이탈리아를 거쳐 발칸반도, 그리스, 터키, 캅카스, 소아시아와 러시아,

중앙아시아를 거쳐서 바이칼호에 이른다. 그리고 태평양 연안에서 환태평양지진대와 합류한다.

휴고 베니오프Hugo Benioff는 해구를 따라서 천발지진淺發地震, 해구 옆의 대륙 쪽에는 중발지진中發地震, 더 먼 곳에서는 심발지진深發地震이 일어난다는 사실을 발견했다. 판구조론에 의하면 해구는 해양판이 대륙판 밑으로 들어가는 수렴 지역으로, 판과 판이 부딪치면서 지진이 발생한다. 이곳에서 일어나는 지진을 베니오프대 지진이라고 한다. 일본은 천발지진이 발생하는 해구 위에 있어서 규모가 큰 지진이 자주 발생한다.

문제는 최근 수천 명에서 수만 명의 생명을 앗아간 대규모 지진이 아시아에서 집중적으로 일어났다는 점이다. 1995년 일본 고베에서 6,434명이 사망했고 2008년 중국 쓰촨성에서 리히터 규모 8.0의 강진이 발생해 공식적으로 사망자 6만 8,712명, 실종자 1만 7,921명이 발생하고, 약 25만 명이 부상당했다. 2011년에는 일본 후쿠시마 부근 해저에서 리히터 규모 9.0의 강진이 발생했다. 이 지진으로 강력한 지진에도 안전한 시설이라던 후쿠시마 원자력발전소에서 방사능이 누출되었다. 근래 강력한 지진이 한국 인근인 일본, 중국 등 동아시아에서 일어나자 원자력발전소 24기를 보유한 우리나라는 지진 안전지대인지 의구심이 들 수밖에 없다.

한국의 지진

한국에서 강력한 지진이 일어날지 아닐지는 어느 누구도 확실하게 이야기할 수 없다. 하지만 지진에 대한 기록은 많이 남아 있다. 역사에 기록된 한반도의 지진은 서기 2년 고구려 유리왕 21년에 있었던 지진을 시작으로 총 1,967회에 달한다. 『고려사』에는 고려시대에 모두 176건의 지진이 있었다고 기록하고 있으며, 유사 지진 또는 지진이라고 간접적으로 판정할 수 있는 경우는 42건이다. 조선시대에는 세밀한 관찰 기록이 돋보이는데 1501년부터 1600년까지 지진이 652번, 유사 지진이 19번 기록되었다. 고려시대 지진이 176번, 유사 지진이 42번 있었다는 것에 비추어 보면 매우 많은 수다. 조선시대에는 건물에 상당한 피해를 주는 진도 8 이상의 지진만도 40회에 달했다. 이런 기록을 볼 때 한반도는 지진의 안전지대가 아니며 규모 5.0 이상의 지진이 언제든지 일어날 수 있다.

지진의 크기를 나타내는 척도로 절대적 개념의 '규모'와 상대적 개념의 '진도'가 있다. 규모란 지진 자체의 크기를 측정하는 단위로 1935년 이 개념을 처음 도입한 미국의 지질학자 찰스 리히터Charles Richter의 이름을 따서 리히터 규모richter scale라고도 한다. 한편 지진 에너지가 처음 방출된 곳을 진원이라 하며, 진원에

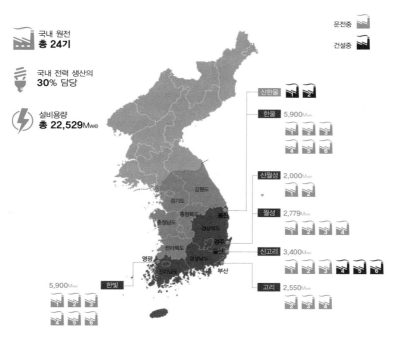

2017년 현재 국내에는 24기의 원자력발전소가 세워져 있으며,
이 발전소들은 국내 전기 생산량의 30퍼센트를 담당하고 있다.
하지만 아시아에서 대형 지진이 연달아 발생하고,
2016년 경주와 2017년 포항에서도 지진이 발생하면서
원자력발전소에 대한 우려가 커지고 있다.

1978년 홍성에서 일어난
규모 5.0의 지진으로 파괴된 농가의 모습.

서 연직鉛直으로 지표면과 만나는 점을 진앙이라 한다.

지진 규모는 지진파로 발생한 총에너지의 크기로, 관측으로 계산된 객관적 지수이며, 지진계에 기록된 지진파의 진폭·주기·진앙 등을 계산해 산출하는데 M5.0이라고 표현할 때 M은 규모magnitude를 의미하고 수치는 소수 첫째 자리까지 나타낸다. 한편 진도seismic intensity는 특정 장소에서 감지되는 진동의 세기를 말한다. 즉, 하나의 지진은 규모는 같으나 진도는 장소에 따라 달라질 수 있다. 진도는 어느 한 지점에서 인체에 미치는 감각이나 건물에 미친 피해 상황으로 지진의 세기를 표시하는 것이다. 진원이나 진앙과 멀리 떨어진 지역은 진도가 낮게 나타난다.

기상청이 지진 관측을 시작한 1978년 이후 2016년까지 국내에서 1,464회의 지진이 발생했다. 하지만 이 중에서 실내에서 흔들림을 감지할 수 있는 규모 3.0 이상의 지진은 일본 1,200회에 비해 매우 적은 연평균 9.7회 가량이었다. 그런데 2004년 경상북도 울진군 동쪽 80킬로미터 해역에서 규모 5.2의 지진이 발생하고, 2016년에는 경상북도 경주에서 규모 5.8(김소구 한국지진연구소 소장은 5.4로 추정)의 지진이 발생했다. 2017년 11월에는 규모 5.4의 지진이 경상북도 포항 인근에서 일어나 대학수학능력시험이 1주일 연기되었다.

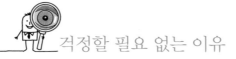

걱정할 필요 없는 이유

그러나 학자들은 한반도에서 규모 6.5가 넘는 대규모 지진이 일어날 확률은 거의 없다고 추정한다. 지질학적 구조가 절묘하기 때문이다. 한반도 동쪽에 위치한 일본열도는 4개의 지각판, 즉 서쪽의 유라시아판, 동쪽의 태평양판, 북쪽의 북미판, 남쪽의 필리핀판이 만나는 위치에 있다. 이들 판이 부딪칠 때 발생하는 에너지의 대부분이 지진이나 화산으로 해소되기 때문에 결과적으로 일본열도가 한반도에 지진이 일어나는 것을 막아주는 보호막이라는 것이다.

학자들이 한반도를 주목하는 것은 한반도가 세계에서 가장 위험한 지진대인 일본과 인접해 있으면서도 지진 안전 지역에 속하기 때문이다. 한반도가 들어 있는 유라시아판은 동쪽으로 이동하고 있는데, 특히 인도-호주판은 북상하며 동아시아를 더욱 동쪽으로 밀고 있다. 그런데 유라시아판의 동쪽 끝에는 서쪽으로 이동하는 태평양판이 버티고 있다. 따라서 유라시아판이 받는 힘은 어디에선가 해소되어야 한다. 그 대표적인 지점이 산둥반도에서 만주를 가로질러 연해주에 이르는 탄루단층이다. 1976년 무려 20만 명이 넘는 사망자를 낸 중국 탕산 지진이 바로 탄루단층에서 일어난 것이다. 중국과 일본에서 일어나는 지진에 주목하는 것은, 유라시아판에 가해지는 힘이 일본이나 중국에서 해소되므로 그 가운데 놓인 한반도는 비교적 안정적이라는 뜻이기 때문이다. 한반도는 태풍으로 치면 태풍의 눈 부분이므로 오히려 안전하다는 설명이다.

그런데도 한반도에서 지진이 일어나는 것은 유라시아판을 변형시키는 힘이 일본이나 중국에서 전부 해소되지 않기 때문이다. 한반도 지각에 축적된 변형에너지가 약한 단층대를 깨면서 지진으로 분출된다는 것으로, 삼국시대부터 1,900회에 가까운 지진기록이 있다는 것은 한반도에도 활성 단층이 존재한다는 의미다. 학자들은 한반도 내의 대표적인 활성 단층으로 경상남도 진해에서 경상북도 영덕군으로 이어지는 양산단층을 지목한다. 그런데 양산단층 위에는 신라의 고도古都 경주가 놓여 있다. 삼국시대 경주에서 진도 8 이상의 강진이 10여 차례나 기록된 것도 이 때문이다. 한반도에서 발생한 지진 중에서 최대 규모로 추측되는 1643년 지진은 울산에서 경주로 이어지는 울산단층에서 일어난 것으로 추정한다.

한국의 원자력발전소를 걱정하는 것은, 원자력발전소는 활성 단층이 없는 안정한 지각 위에 건설되어야 하는데 한국은 오히려 단층들이 모인 지역에 원자력발전소가 건설되었기 때문이다. 그러나 관계자들은 원자력발전소가 지진에 안전하다고 설명한다.

후쿠시마의 악몽, 재현될까?

일본의 후쿠시마 원자력발전소는 비등수형 원자로로 물을 감속 재로 사용한다. 비등수형 원자로는 원자로 내 증기압이 올라가면 물이 증기로 변하는 양이 줄어든다. 원자로의 출력이 상승하면 노심 용융 등이 발생해 방사성물질이 노출될 수 있다. 그러나 한국은 월성 원자력발전소(중수로를 사용)를 제외하면 전부 가압경수로형 원자로다. 비등수형 원자로는 증기 발생기가 따로 없고 원자로 안에서 직접 증기를 만들며 원자로와 터빈이 분리되어 있지 않아 사고 시 방사성물질 유출 가능성이 크다. 반면 가압경수로형 원자로는 비등수형 원자로보다 원자로의 압력이 높지만 원자로와 터빈이 분리되어 있고 증기 발생기가 따로 있다.

원자력발전소를 관리하는 교육과학기술부는 국내에서 발생하는 지진이 리히터 규모 3 이상인 경우는 연간 평균 10건에 그친다며 지진이 잦은 지역도 평양-군산-경주를 잇는 L자 형태라, 원자력발전소가 있는 고리, 영광, 울진, 월성은 상대적으로 지진 발생 빈도가 낮다고 했다. 국내 원자력발전소는 내진 설계 기준은 0.2g(최대지반가속도)로, 리히터 규모로 6.5의 강진에도 견딜 수 있도록 설계되었다. 미국은 원자력발전소 설계 기준값이 평균 0.183g로 우리나라보다 낮다. 우리나라와 지진 활동이 유사한 미

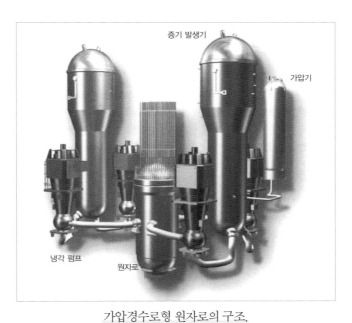

증기 발생기

가압기

냉각 펌프

원자로

가압경수로형 원자로의 구조.
일본은 비등수형 원자로여서 출력이 높아지면 사고 위험이 높아지지만,
한국의 가압경수로형 원자로는 상대적으로 비상시에도 안전하다.

국 중동부 지역에 위치한 모든 원자력발전소는 국내와 비슷한 0.2g을 기준으로 한다.

우리나라에서 설정한 규모 6.5의 지진이란 해당 원자력발전소 바로 밑에서 발생해도 냉각수 등이 유출되지 않는 안전 상태를 의미한다. 지반가속도는 진앙의 거리의 제곱에 반비례해서 줄어드는 만큼, 2011년 동일본 대지진과 비슷한 규모의 지진이라도 직격탄만 맞지 않는다면 원자력발전소에 균열이 생기는 등 심각한 훼손 가능성은 극히 낮다는 이야기다. 특히 일본의 원자력발전소 사고는 지진으로 전력 공급이 끊겨 냉각 시스템이 작동하지 않자 방사능 증기가 새어 나온 것으로, 한국 원자력발전소는 냉각 장치가 작동을 멈추어도 자연대류 방식으로 긴급 상황에 대처할 수 있다. 동일본 대지진 이후 앞으로 건설되는 원자력발전소는 리히터 규모 7.0에도 버티도록 내진 설계를 하도록 기준을 조정했다.

일부 지질학자는 한반도 지진활동과 활성 단층이 밀접히 연관되어 있으므로, 지질학적 관점에서 볼 때 양산단층과 울산단층 등이 밀집된 경상도 동해안보다는 다른 곳에 원자력발전소를 짓는 것이 바람직하다고 추천한다.

북한이 남한보다
자원이 많은 이유

 북한은 희토류 부자

남한과 달리 북한에 천연자원이 많다는 것은 잘 알려진 사실이다. 북한은 국토의 약 80퍼센트에 광물자원이 광범위하게 분포되어 있어 총매장량의 잠재 가치가 남한의 약 24배에 이르는 6,984조 원에 달하는 것으로 알려졌다. 2016년 5월, 영국 경제 주간지 『이코노미스트The Economist』는 북한 지하자원의 경제가치가 10조 달러(약 1경 1,700조 원)로 한국의 20배에 이른다고 추정했다. 남한의 면적은 약 10만 제곱킬로미터, 북한은 12만 제곱킬로미터로 면적은 거의 유사함에도 천연자원의 부존량은 엄청난 차이가 난다.

한반도광물자원개발DMR 융합 연구단은 북한에 분포하는 유용광물은 약 200여 종인데, 그중 마그네사이트(매장량 60억 톤, 세계 3위), 흑연(매장량 200만 톤, 세계 6위), 철광석(매장량 50억 톤), 텅스텐(매장량 25만 톤)은 세계적인 규모로 매장되어 있다고 발표했다. 무산에는 철이, 운산 · 대유동에는 금이, 혜산 · 허천에는 동이 매장되어 있으며, 아연은 검덕, 마그네사이트는 대홍 · 쌍룡 · 룡양에 매장되어 있다. 활용 가치가 높은 희토류는 20억 톤 가량 매장되어 있다고 분석했다. 골드먼삭스Goldman Sachs는 2009년 평양 주변에만 3조 7,000억 달러 상당의 광산이 있다는 보고서를 냈다. 이 중 매장량이 40억 톤으로 추정되는 마그네사이트는 전 세계 매장량의 50퍼센트를 점한다.

영국의 외교 전문지 『디플로매트The Diplomat』도 전 세계 희토류의 3분의 2가 북한 지역에 매장되어 있다고 공식 발표했다. 그동안 중국이 생산을 독점하고 있던 희토류가 북한에 세계 최대 규모로 매장되어 있다는 것이다.

희토류는 주기율표에서 원자번호 57번 란타넘La에서 71번 루테튬Lu까지 15개 원소에, 원자번호 21번 스칸듐Sc과 39번 이트륨Y을 더한 총 17개 원소를 말한다. 희토류에 속한 이 17개 원소는

스칸듐(위)과 이리듐(아래).

희토류는 스칸듐과 이리듐을 포함한 17개의 희귀 원소를 말한다.

주기율표상의 다른 어떤 원소보다 물리·화학적 성질이 비슷하다. 물리·화학적 관점에서 볼 때 이 17개 원소는 '17 쌍둥이'라고 부를 수 있을 정도다. 희토류는 철광석 혹은 각종 인산염·탄산염 속에 포함된 채 발견된다. 각각의 함유량이 다르기는 하지만, 대부분 17개 원소가 동시에 발견되는데 같은 성분이 한데 뭉쳐 광석 형태로 존재하는 다른 금속과 달리, 희토류는 적은 분량이 여기저기 분산되어 채굴 가능한 광물 형태인 경우가 드물다. 그래서 희토류rare earth라는 이름이 붙었다.

희토류는 1940~1950년대에는 브라질과 인도에서 주로 생산되었고, 이후 미국과 호주 등에서 생산되었는데 1990년대부터 중국이 사실상 생산을 독점하고 있다. 2012년 기준 전 세계 희토류의 96.8퍼센트가 중국에서 생산되었다.

오늘날 희토류 광물은 모두 250여 종이 알려졌는데, 그중 산업적 의의가 있는 것은 50여 종이다. 이 중 북한에서 나는 주요 희토류 광물은 불소탄산세륨광, 모나즈석, 인규세륨광, 갈렴석, 인이트륨광, 이온형광 등 10여 종인데 세계적으로 널리 쓰이는 희토류 광석은 불소탄산세륨광과 모나즈석이다. 북한에는 불소탄산세륨광을 포함한 알칼리섬장암류가 여러 곳에 분포하는데 불소탄산세륨광은 세계 5대 산지 중 하나이며 매장량이 약 1,500만 톤에 이른다. 학자들은 정제된 희토류 원소를 약 4,800만 톤으로 추정한다. 미국 지질조사국의 2009년 자료에 따르면 희토류 원소 매장량은 세계 1위인 중국이 8,900만 톤, CIS(독립국가연합)이 2,100만 톤, 미국이 1,400만 톤이다. 그러므로 북한 희토류 매장량을 4,800만 톤으로 간주해도 세계 2위에 해당한다.

한국광물자원공사는 북한 광석 샘플을 분석한 결과 희토류 함유량이 매우 우수하다고 발표했다. 특히 막대한 양의 희토류가 황해남도 청단군 덕달리, 평안북도 정주시 용포리 등 4개 광산에 집중되어 있다. 중국은 매장량의 90퍼센트를 네이멍구자치구 바오터우시의 바이윈어보白雲鄂博 광산에서 생산한다.

희토류는 왜 각광받을까?

희토류는 화학적으로 안정적이면서도 열전달 성능이 좋아 각종 전기기기의 핵심 부품에 사용된다. 희토류는 스마트폰, 이차전지, 고화질 텔레비전, 하이브리드 자동차, 풍력·태양광 발전을 비롯해 항공우주산업 등에 꼭 필요한 요소로 첨단산업의 비타민, 녹색 산업의 필수품이라는 수식어가 붙는다. 또한 LCD·LED·스마트폰 등 IT 산업, 카메라 등 광학 제품, 컴퓨터 등 전자 제품, 형광 램프 등 형광체와 광섬유에 필수적일 뿐만 아니라 방사성

차폐 효과가 뛰어나기 때문에 원자로 제어제로도 널리 사용되고 있다.

희토류가 각광받기 시작한 것은 1980년대 일본에서 희토류의 하나인 네오디뮴을 이용해 강력한 영구자석을 만드는 데 성공한 이후다. 이 자석은 기존 영구자석에 비해 2배 이상 자성이 강했다. 희토류 자석을 사용하면 작은 크기로 충분한 자기장을 형성할 수 있다. 희토류 자석은 곧 오디오·휴대전화·전기모터·이어폰 업계에 혁명을 일으켰다. IT 기기의 크기가 작아진 결정적인 요인 중 하나가 희토류 자석의 발명이다. 1980년 전 세계 자석 시장 점유율 '0'이었던 네오디뮴 자석은 현재 세계 자석 시장의 80퍼센트를 석권하고 있다.

희토류는 LED 분야에서도 독보적인 위치를 차지하고 있다. LED 등 디스플레이는 산화물 속에 발광 물질을 넣어 빛을 낸다. 그런데 희토류 외의 발광 물질이 산화물에 들어가면 화학적 성격이 바뀐다. 시간이 지나면서 빛의 선명함이 퇴색하는데 희토류 원소는 독특한 전자궤도 때문에 다른 물질에 녹아들거나 결정 속에 들어가도 고유한 성질을 그대로 유지한다. 이 때문에 희토류는 디스플레이용 산화물 속에서 원래의 스펙트럼대로 빛을 내는 데 결정적인 역할을 한다.

희토류를 비롯한 자원에 관해서는 남북한 간의 차이가 크다. 왜
한반도 안에서 이런 불균형이 일어나는 것일까? 이는 한반도가
2개의 지형으로 이루어졌기 때문이다. 판구조론plate tectonics에 의
하면, 지구를 구성하고 있는 대륙들은 움직인다. 지구본을 보아
도 아프리카가 남미를 붙이면 잘 들어맞는다. 아브라함 오르텔리
우스Abraham Ortelius는 1596년, 이유는 모르지만 대서양의 양쪽이
찢어졌다고 주장했다. 알프레트 베게너Alfred Wegener는 현재의 대
륙 위치를 감안할 때 대륙이 한때 붙어 있다 떨어졌다는 것이 합
리적이라고 주장했다. "마치 찢어진 신문지의 가장자리를 맞추어
놓고 인쇄된 부분이 부드럽게 만나는지 확인하는 것 같은 기분이
었다. 만약 이것들이 실제로 일치한다면 이 두 곳이 실제로 붙어
있었을 것이라고 결론을 내릴 수밖에 없다."

베게너는 대륙이 움직인다고 가정하면 지구에서 발견되는
여러 가지 모순점을 쉽게 설명할 수 있다고 생각했다. 1912년 프
랑크푸르트암마인에서 열린 독일 지질학회에서 베게너는 자신이
수집한 자료를 정리해 '대륙의 위치 이동'이라는 용어로 폭탄을
터뜨렸다. 이 용어는 추후에 '대륙이동설'로 변경된다.

베게너는 하나의 판게아pangaea(그리스어로 '모든 육지'라는 뜻)

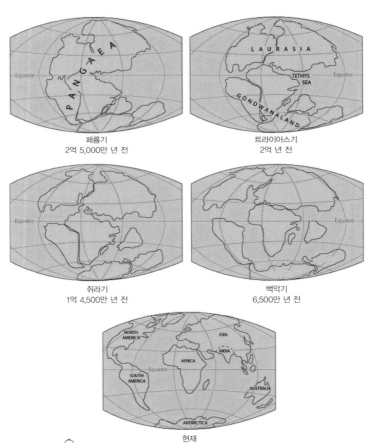

페름기
2억 5,000만 년 전

트라이아스기
2억 년 전

쥐라기
1억 4,500만 년 전

백악기
6,500만 년 전

현재

판게아가 로라시아와 곤드와나로 나뉜 뒤
현재의 모습으로 분리되는 과정.

라는 초대륙이 있었기 때문에 식물과 동물이 서로 섞일 수 있었고 그 후에 대륙이 분열해 오늘과 같은 각 대륙이 생겼다고 했다. 베게너가 생각한 판게아는 거대한 두 대륙으로 설명된다. 남쪽에 위치한 남미·아프리카·남극·호주에 인도를 더한 것을 곤드와나대륙이라고 불렀고, 북쪽에 위치하는 북미·유라시아를 로라시아대륙으로 명명했다. 로라시아대륙과 곤드와나대륙 사이에는 지중해의 전신인 테티스해라는 내해內海가 있었다. 그리고 초대륙 판게아는 옛 태평양이라는 바다로 둘러싸여 있었다.

판구조론은 판들의 가장자리끼리 맞닿는 곳에 여러 가지 흥미로운 일이 일어날 수 있다는 것을 암시한다. 2개의 판 중 하나가 맨틀 아래로 내려갈 수도 있고 다른 쪽 판 위로 올라갈 수도 있다는 것은 지진이나 산맥의 생성을 자연스럽게 설명해준다. 특히 두 판이 만나는 곳에서는 마찰이 일어나 엄청난 열이 발생하는데 아래층의 암석을 녹일 수 있을 정도다. 지구 내부의 압력이 마그마를 분출시키면서 화산이 분화하고 용암이 흘러나오는 것도 설명된다. 하지만 베게너의 주장에 다른 학자들은 냉담했다. 그의 주장에 반대하는 학자들의 반발이 어찌나 격렬했던지 그에 동의하는 사람조차 경력을 망칠까 두려워 몸을 사렸다.

전문가들에게 혹평을 받은 베게너의 대륙이동설은 학계에서 주목받지 못했다. 그러나 베게너가 사망한 지 20여 년이 지난 뒤, 제2차 세계대전이 벌어지면서 잠수함을 추적하기 위한 광범위한 해저 탐사가 이루어졌다. 이 탐사는 고지자기학이라는 연구 분야를 등장시켰고, 베게너의 이론이 재검증받기 시작했다. 학자들은 기존의 통설과는 달리 지각판의 구조와 성분이 균일하지 않다는 사실을 발견했다.

한반도와 연계해 설명하면, 곤드와나대륙에서 떨어져나온 조각 중에 북중한판과 남중한판이 있는데 이 2개의 판에 한반도를 구성하는 3개의 작은 조각이 들어 있다. 북중한판에는 한반도의 남동쪽에 해당하는 영남지괴, 북한에 해당하는 낭림지괴가 있고 여기에 북중국지괴가 포함되어 있다. 그리고 남중한판에는 남중국을 포함해 한반도의 가운데 부분인 경기지괴가 있다.

2,000만 년이 지난 2억 4,000만 년 전, 먼저 출발한 북중한판은 서쪽 귀퉁이에서 로라시아대륙과 부딪친다. 이때 북상하던 남중한판이 다가와 충돌한다. 이 충돌로 북중한판은 북중국지괴와 영남지괴로 나누어진다. 이때 남중한판이 속해 있는 경기지괴가 사이에 끼게 되면서 오늘날과 같은 한반도의 모습을 갖추게 된다. 이때가 쥐라기 중기로 약 1억 8,000만 년 전이다. 두 대륙이 만나 부딪친 곳이 휴전선이 있는 DMZ 근처기 때문에, 현재의 휴전선을 기준으로 북쪽과 남쪽의 지질 구성이 다르다고 할 수 있다. 그래서 북한에 자원이 많이 매장되어 있는 것이다.

우리 집 아래
다이아몬드가 있을지도 모른다

정복할 수 없는 보석

다이아몬드diamond라는 말은 그리스어인 아다마스adamas에서 유래했다. 정복damas할 수 없다a-는 뜻이다. 아름다운 광채를 발하는 이 보석은 아주 희귀하기 때문에 값이 비싸다. "다이아몬드는 전쟁의 친구"라는 말이 있다. 현재 전 세계에서 유통되는 다이아몬드 원석 중 10~15퍼센트가 아프리카 분쟁 지역인 앙골라 · 콩고 · 시에라리온 등에서 산출되며, 내전이 격화할수록 다이아몬드 생산량은 증가하기 때문이다.

　이러한 아이러니는 다이아몬드의 상품성을 단적으로 보여준다. 앙골라의 조나스 사빔비Jonas Savimbi는 1992년 총선에서 패배했는데도 이를 인정하지 않고 반란을 일으켰다. 게다가 그를 지원하던 미국 중앙정보국CIA의 지원이 끊겼는데도 최대의 다이아몬드 산출지인 쿠앙고 계곡을 점령하면서 자금 사정이 호전되었다. 반군 본부에는 전 세계에서 다이아몬드 상인이 몰려들었고 러시아에서 최신 무기를 공수했다. 콩고도 내전 때 짐바브웨에 음부지마이의 다이아몬드 채굴권을 넘겨주었다. 이 덕에 변변한 수출품이 없던 짐바브웨는 일약 다이아몬드 수출 대국으로 떠올랐다. 채굴권을 빼앗으려는 외인 군단끼리 전투가 끊이지 않았다. 시에라리온 내전도 다이아몬드가 끼어든 것이다. 이는 다이아몬드가 전쟁을 일으켜서라도 확보할 만한 값어치가 있다는 뜻이다. 그동안 다이아몬드는 인도, 브라질, 호주와 콩고, 앙골라 등 아프리카 몇몇 국가에서만 나서 더욱 희소성이 높았다. 그런데 한국에서도 다이아몬드가 나올지 모른다.

　다이아몬드는 지하 약 160킬로미터에서 500킬로미터 사이에 있는 암석층에 있는 탄소 퇴적물이 수백만 년 동안 엄청난 열과 압력을 받아 만들어진다는 것이 정설이다. 다이아몬드는 순수한 탄소 결정체다. 석탄이나 연필의 흑연 등이 모두 탄소다. 영국의 화학자 스미스슨 테넌트Smithson Tennant는 이리듐Ir과 오스뮴Os 이라는 새로운 원소를 발견한 것으로 유명한데, 1797년에 다이아 몬드를 태워서 생긴 기체를 조사해본 결과 다이아몬드가 탄소에 불과하다는 사실을 발견했다.

연필심에 사용하는 흑연은 다이아몬드와 성분은 같지만 탄 소의 구조가 다르다. 1기압하에서 안정적인 결정구조를 갖는 흑 연은 6개의 탄소 원자가 육각형으로 배열되어 있다. 이 육각형을 벤젠고리라 한다. 이 고리들이 규칙적으로 쌓여 있기 때문에 층 층이 잘 분리된다. 다이아몬드는 탄소 원소 하나하나를 4개의 다 른 탄소 원소가 둘러싸고 있다. 즉, 각 원자는 정사면체의 꼭짓점 에 위치한 다른 탄소 원자들과 결합되어 있다. 그 결과 탄소 원자 들은 아주 단단하게 결합되며, 단단한 탄소 원자의 네트워크 구조 로 다이아몬드는 매우 높은 용융점과 단단한 굳기를 가진다. 다 이아몬드는 흑연보다 55퍼센트나 밀도가 높다. 학자들은 탄소가 높은 온도로 가열되자 탄소 원자들이 자유롭게 움직이게 되었고, 이때 탄소에 엄청난 압력을 가하면 탄소 원자들이 치밀한 구조 속으로 밀려들어가 다이아몬드가 된다고 본다. 한마디로 연필심 이 다이아몬드로 변형되기 위해서는 고온과 고압이 필요하다는 것이다.

한국에서도 다이아몬드가 나올까?

한국에서도 다이아몬드가 발견될지도 모른다는 설명은 바로 한반도 일부가 이와 같은 고온·고압 상태에서 형성되었기 때문이다. 이와 같은 추정이 나온 것은 판구조론 때문이다.

판구조론과 대륙이동설에 의하면 3억 년 전 지구는 거대한 하나의 대륙이었다. 그런데 약 2억 6,000만 년 전 곤드와나대륙의 북쪽 가장자리에서 큰 변화가 일어나기 시작했다. 땅속 수백 킬로미터의 깊은 맨틀에서 거대한 불기둥이 나와 대륙지각으로 올라온 것이다. 대륙이 여러 개의 조각으로 갈라지고 그 갈라진 대륙의 틈사이로 깊은 계곡이 형성되고 바닷물이 들어오며 새로운 바다가 형성되었다. 이때 갈라진 조각 중에서 미래에 한반도를 이룰 조각들이 곤드와나대륙과 이별을 고하고 북쪽으로 움직여 두 대륙이 충돌했다.

두 개의 대륙이 충돌하면 강력한 힘이 발생하게 된다. 두 대륙의 충돌 부위는 히말라야산맥과 같은 거대한 산맥이 되며, 아래에 위치한 판은 더 깊은 곳으로 밀려들어간다. 이때 지각물질은 약 100킬로미터 이하의 맨틀로 들어가는데, 이곳에서 다이아몬드나 코사이트coesite 같은 고밀도 광물과 에클로자이트eclogite라고 하는 암석이 형성된다.

학자들이 한반도에서 다이아몬드가 나올 수 있다고 추정하는 것은 한반도와 중국의 연계성 때문이다. 중국의 충돌대는 중국 중앙부에 동서 방향으로 발달했는데, 1989년 중국 친링산맥-다베산 일대와 산둥반도의 쑤루蘇魯 지역에서 놀라운 암석이 발견되었다. 지하 약 150킬로미터 이하의 깊은 곳에서 만들어지는 다이아몬드와 코사이트, 오피올라이트ophiolite, 에클로자이트 등이 발견된 것이다.

이 발견은 한반도에도 중요하다. 중국에서 확인된 대륙 충돌대가 동쪽으로 임진강대까지 연장되기 때문이다. 서울대학교 조문섭 교수는 임진강대에 있는 암석의 변성 조건이 중국 충돌대에서 관찰되는 온도·압력 조건과 유사하며, 임진강대 암석이 변성 작용을 받은 시기가 중국 충돌대에서 충돌 시기를 나타내는 변성암의 생성 시기인 2억 3,000만 년 전 중생대 삼첩기와 일치한다고 발표했다.

1993년 임진강대 연구 조사 결과 고압에서 만들어지는 석류석, 각섬암 등이 발견되었다. 주로 임진강대의 남쪽 경계부에 해당하는 경기도 연천군 미산면 마전리와 포천시 관인면 중리 등 한탄강 부근이었다. 절대연령 측정 결과, 각섬암의 변성되기 전 원암인 반려암이 만들어진 것은 선캄브리아기 후기인 9억 5,000만 년 전인데 비해 석류석 결정이 만들어진 것은 2억 3,000만 년 전

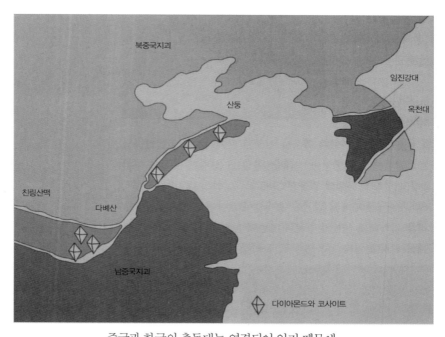

북중국지괴

임진강대

옥천대

산둥

친링산맥

다볘산

남중국지괴

다이아몬드와 코사이트

중국과 한국의 충돌대는 연결되어 있기 때문에,
중국에서 다이아몬드와 코사이트가 발견된 것은
한국에서도 이들이 발견될 가능성이 있다는 뜻이다.

인 것으로 밝혀졌다. 이 2억 3,000만 년 전이 바로 중국을 이루는 두 대륙이 충돌한 시기이기도 하다. 특히 석류석과 각섬암은 중국의 대륙 충돌대에서도 흔히 발견되며, 깊은 곳에서 만들어진 에클로자이트가 지표 쪽으로 올라올 때 각섬암으로 바뀌었다고 추정한다. 그러므로 우리나라의 석류석과 각섬암 역시 고압에서 형성되었을 수 있다.

경기지괴에 속하는 강원도 화천에서는 다른 지역에서 볼 수 없는 고온에서 만들어지는 백립암이 발견되었다. 백립암은 일반적으로 에클로자이트와 함께 발견되는데 경기지괴에서 발견된 백립암은 고온에서 2번 변성된 것으로 밝혀졌다. 그러나 대륙 충돌의 확실한 증거로 인정되는 다이아몬드, 코사이트 등의 존재는 아직 확인되지 않았다.

그런데 2002년 충청남도 청양과 홍성에서 에클로자이트 생성 증거가 발견되었다. 충청남도 청양군에서 발견된 석류석과 옴파사이트omphacite로 구성된 이 암석은 에클로자이트가 변성되어 만들어진 것으로 추정한다. 전북대학교 오창환 교수는 이 암석이 두 대륙의 충돌 때 지하 50~60킬로미터에서 800도, 1만 5,000~1만 7,000기압의 고온·고압 환경에서 만들어진 뒤 변성작용을 받으면서 지상으로 서서히 올라와 노출된 것으로 추정했다. 이 암석의 생성 시기는 2억 2,500만 년 전으로 보인다. 옴파사이트가 발

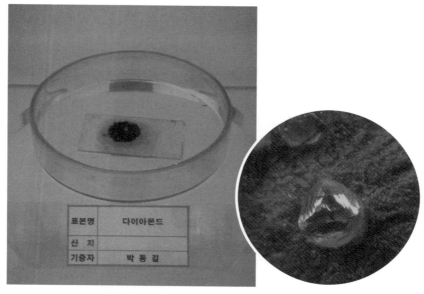

표본명	다이아몬드
산 지	
기증자	박 동 길

박동길 교수가 1935년 발견한 다이아몬드로
서울대학교에서 보관 중이다.

견되자 한반도의 대륙 충돌대가 임진강대 뿐 아니라 충청남도 청양-홍성에 이르는 광범위한 지역일 가능성도 제기되었다.

조문섭 교수는 다이아몬드 같은 초고압 광물이 임진강대에 있을 가능성은 매우 높다고 설명한다. 그러나 임진강대가 임진강 하구 일대에서 연천, 포천 북부를 지나가는 것까지는 확인되지만 철원에서 어디로 이어지는지는 불분명하다. 임진강대가 군사분계선으로 막혀 있기 때문에 이 지역에 대한 본격적인 연구는 이루어지지 못했다.

다이아몬드는 대륙 충돌대에서 주로 발견되기 때문에, 한국에서도 다이아몬드가 출토될지 모른다. 실제로 국내에서 다이아몬드가 발견된 예가 있다. 1935년 2월, 지질학자인 박동길 서울대학교 교수가 사금과 석류석을 감정하는 도중에 0.1 캐럿의 다이아몬드를 발견한 것이다. 이 다이아몬드는 학자들 간에 진위 여부로 논란이 벌어진 것으로도 유명한데 현재 서울대학교 25-1동 3층 복도에 전시되어 있다.

chapter 2

사람에 관한 과학

인간은 몇 살까지
살 수 있을까?

늘어나는 평균수명

과학이 발전하면서 인간의 생명은 크게 늘어났다. 전 세계를 대상
으로 계산했을 때, 학자들은 2000년에 태어난 사람은 평균 66세
까지 살 것으로 추정한다. 이는 1900년에 태어난 사람에 비해 2배
가까이 늘어난 것이다.

자연계에는 인간보다 훨씬 오래 사는 종이 적지 않다. 미국
캘리포니아 화이트산맥의 브리슬콘 소나무Bristlecone pine는 현재

4,800세나 된다. 2006년 아이슬란드 연안에서 잡힌 대합조개는 나이테를 세어본 결과 405~410세로 밝혀졌고 스웨덴 남부의 뱀장어는 1859년 이래 152년째 살고 있는 것으로 추정된다. 갈라파고스땅거북은 190년을 산 기록이 있고, 포획된 북극고래는 아미노산 분석 결과 211세로 밝혀졌다. 이 고래의 몸에서는 1890년대에 제작된 작살 촉이 발견되었다.

가장 오래 산 사람은 출생증명서가 있는 현대인으로는 1997년 사망한 프랑스 여성 잔 칼망Jeanne Calment이다. 그녀는 1875년 2월 21일 프랑스 남부의 아를에서 태어나 자크 시라크Jacques Chirac에 이르기까지 모두 21명의 대통령을 겪었다. 제1차 세계대전이 끝났을 때 그녀는 43세였고 제2차 세계대전이 끝났을 때는 70세였다. 그루지아의 안티사 히비차바Antisa Khvichava는 2010년 130살이 되었다고 주장하기도 한다.

이와 같이 장수하는 생명체가 많지만 이들도 죽음을 피할 수 없다. 모든 생명은 일단 태어난 이상 시간이 경과함에 따라 늙어가기 때문이다. 노화는 시간처럼 한 방향으로만 움직인다. 우리 신체의 다양한 조직과 기관은 아날로그시계의 부속품처럼 움직인다. 각각의 부품이 빠르게 혹은 느리게 움직이면서 최종적으로 정확한 시각을 알려주는 것과 마찬가지로 인체도 기관마다 서로 다른 생물학적 나이를 나타낸다. 노화율은 세포, 조직 또는 기관

1897년에 찍은 칼망의 사진. 칼망은 당시 22세였다. 그녀는 123년을 살아서 공식으로 기록이 남은 사람 중에 최장수 인물이 되었다.

마다 다소 다르게 나타나기 때문이다. 사람에 따라 젊게 보이거나 늙게 보이는 경우가 있는데 이는 서로 다른 노화 과정이 서로 다른 비율로 일어나기 때문이다.

과학기술의 발달로 평균수명 100세 시대가 곧 열릴지도 모른다고 예측한다. 하지만 사람들의 기대와는 달리, 의학의 눈부신 발전에도 노화는 어김없이 찾아온다. 의학은 노화의 증상(머리가 세는 것, 이가 빠지는 것, 뼈와 근육이 약해지는 것, 주름살이 생기는 것 등)을 막지 못했다.

세포의 노화와 텔로미어

학자들이 제시하는 노화의 원인은 크게 2가지로 나뉜다. 하나는 노화를 이미 존재하는 기본 설계로 보는 것이고, 다른 하나는 어떤 사건에 의한 결과로 보는 것이다. 전자는 노화를 일련의 화학적 사건과 물리적 변화에 기초를 둔 생체 시계의 가동 결과로 보는 것이다. 즉, 태어날 때부터 생물체의 유전자 시스템에 노화가 입력되어 있으며, 지정된 시기에 노화가 작동한다는 것이다. 사춘기나 폐경기가 오는 것도 우리 몸에 일종의 생물학적 시계가 있어서 '삶의 일정표'가 진행된다는 설명이다. 이와 같은 운명론적인 노화 이론을 '수명 프로그램설'이라고 한다. 이 이론은 진화론을 신봉하는 많은 학자의 지지를 받았다. 뒤에서 이야기할 텔로미어telomere 가설도 이 이론에 속한다.

후자는 생명체가 태어난 이후 사건을 겪으면서 세포 안에 있는 유전 메커니즘이 낡아 자체 수리 능력을 잃고 쇠퇴해가는 것이 노화라고 설명한다. 생명체에는 '예비 유전자'라는 것이 있는데, 이 유전자는 유전자 체계 중 손상된 부분을 제거하고 정상적인 것으로 대체한다. 오래 사는 종은 예비 유전자가 풍부해서 여러 번 수리가 가능하다. 노화는 이 예비 부품을 다 써버렸다는 뜻이다. 이 이론에는 손상설도 가세한다. 신체에 대한 위험 요인이 축적되어 노화가 진행된다는 것이다.

여하튼 영생 불사의 비결은 세포의 분화 과정에 있다고 알려져 있다. 학자들은 개체에 지정된 수명이 있다면, 그 개체를 구성하는 세포에도 수명이 있을지 모른다고 추정했다. 캘리포니아대학 샌프란시스코의 레너드 헤이플릭Leonard Hayflick 교수는 세포가 영원히 살 수 있는 것이 아니며 정해진 수명이 있다고 주장했다. 세포가 어느 정도 분열을 반복하면 그 능력을 상실한다는 것이다.

수명이 약 2.5년인 생쥐의 세포분열은 14~28번, 수명이 30년인 닭은 15~35번, 인간은 40~60번이며 150년 이상 사는 갈라파고스땅거북은 72~114번이다. 이는 세포의 분열 횟수가 한계에

다다르면 수명 역시 마감한다는 것을 보여준다. 50번 분열하는 태아의 세포를 20번 분열시킨 다음에 냉동 보존했다가 다시 배양시켰더니 30번 분열하고 정지하기도 했다. 아무리 환경을 인위적으로 조성해도 소용이 없었다. 이는 세포에도 정해진 수명이 있음을 분명히 보여준다.

왜 세포분열에는 한계가 있으며 그 원인은 무엇일까? 학자들은 노화의 결정적 단서를 찾아냈다. 세포 핵 안에 있는 텔로미어, 즉 염색체말단립染色體末端粒이다. 세포가 분열할 때 새로운 세포 안에는 이전과 똑같이 복제된 유전질이 형성된다. 그렇게 새 세포에 이전 세포의 모든 정보가 담긴다. 그런데 텔로미어는 예외로, 세포분열이 일어날 때마다 작아진다. 텔로미어가 어느 정도까지 작아지면 세포는 더는 분열하지 않고 노화하기 시작한다.

텔로미어는 TTAGGG라는 염기 배열이 250~2,000번 반복되어 있다. 이것은 DNA 복제 때마다 떨어져나가며, 다 사라졌을 때 세포분열의 한계가 온다. 그러나 모든 세포가 그런 것은 아니다. 생식세포인 난자와 정자, 암세포는 예외였다. 1986년 하워드 쿡Howard Cooke 박사가 체세포의 텔로미어가 정자세포보다 짧다는 사실을 발견했다. 암세포는 정상 세포와 달리 세포가 분열할 때 염색체 말단 부위, 즉 텔로미어의 길이가 전혀 짧아지지 않으며 세포분열을 무한히 반복할 수 있다. 또한 암세포에는 정상 세

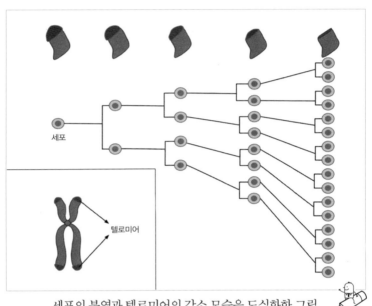

세포

텔로미어

세포의 분열과 텔로미어의 감소 모습을 도식화한 그림.
텔로미어는 세포 끝에 있다.

포에서 발견되지 않는 텔로머라제telomerase라는 효소가 정상 이상으로 높게 나타났다. 노화 현상을 거의 보이지 않는 바닷가재나 무지개송어의 세포에도 텔로머라제가 많다.

　　암세포는 매우 이상한 세포다. 학자들은 오래전부터 세포분열의 빈도수를 결정하는 시계가 유전질 안에 들어 있을 것으로 추측했고 여러 가지 사실을 볼 때 세포 시계가 텔로미어에 있다고 추정했다. 그런데 암세포에는 텔로미어의 세포 시계가 작동하지 않는다. 학자들은 암세포 안에 있는 텔로머라제가 텔로미어가 작아지지 않도록 한다는 사실을 발견했다.

노화를 막을 수 있을까?

노화에 관해 학자들을 실망시키는 결과도 계속 발견되었다. 세포는 핵과 세포질로 이루어진다. 학자들은 핵과 세포질의 수명을 예측하는 실험을 했다. 노화한 핵과 젊은 세포질을 합성하면 합성 세포는 젊어질까? 아니면 노화할까? 실험 결과 노화한 핵과 젊은 세포질을 조합한 합성 세포는 노화했다. 이 결과는 학자들에게 큰 충격을 주었다. 노화한 세포는 어떤 방법으로든 회복시킬 수 없다는 뜻이기 때문이다.

앞으로도 의학은 눈부시게 발전할 것이다. 암도 곧 정복될지 모른다. 그런데도 인간의 수명은 100~120년 정도가 한계일까? 아쉽게도 대답은 '그렇다'다. 지구에 있는 생물체는 지구 표면에 있는 수많은 원소의 조합으로 이루어져 있다. 구성 원소를 살펴보면 탄소 · 수소 · 질소 · 유황 · 인 등이 있고, 철 · 칼슘 · 마그네슘 등의 금속 이온도 있다. 어느 원소 하나 중요하지 않은 것이 없으나 탄소는 특히 중요하다. 학자들은 생체 구성물의 기본은 탄소이며, 생명현상을 유지하기 위한 핵심 원소도 탄소라고 한다. 그런데 탄소로 만든 생체 재질의 사용 기간은 대략 100년이라는 것이다.

탄소의 사용 기간이 끝난다면 탄소로 이루어진 생물이 살 수 없는 것은 당연하다. 식물은 수천 년을 살 수 있다지만 인간이 식물이 될 수는 없다. 규소 원자로도 생물을 만들 수 있다. 그래서 어쩌면 외계인은 탄소 대신 규소로 만들어졌을지도 모른다는 설이 있다. 그렇지만 인간이 탄소 대신 규소로 이루어질 수도 없는 일이다.

2001년 초 교수 2명이 인간의 최대 수명을 놓고 격론을 벌였다. 일리노이대학 공공보건대의 스튜어트 올샨스키Stuart J. Olshansky 교수는 130세, 앨라배마대학의 스티븐 오스태드Steven N. Austad 교수는 150세를 주장했다. 두 교수는 2001년 이전에 태어난 사람 중에서 2150년 1월 1일 150세가 되는 사람이 나타날지 내기했다. 오스태드 교수는 '있다', 올샨스키 교수는 '없다'에 걸었다.

두 사람은 150달러씩 내놓고 매년 약간씩 보태 2150년 5억 달러를 만들기로 했다. 이들은 2016년 판돈을 600달러로 늘렸다. 올샨스키 교수가 『네이처Nature』에 게재된 논문에 쓴 사설 때문이다. 알베르트아인슈타인의대 연구진은 『네이처』에 "인간 수명에는 한계가 있으며 이는 115세다"라고 발표했다. 그러자 올샨스키 교수는 "유전적 프로그램이 인간의 수명 연장을 방해한다면 수명이 상당히 늘어난다 해도 2001년 전에 태어난 사람이 150세까지 살 수 없다"고 이야기했다.

오스태드 교수는 이에 반발해 당시까지 발표된 여러 논문을 인용하면서 노화를 지연시킬 수 있다고 주장했다. 두 사람의 내기 상금은 승리자의 상속자에게 돌아갈 예정인데 조건이 하나 있다. 150세 생일을 맞이한 사람이 반드시 '제정신'이어야만 한다는 것이다. 나는 오스태드 교수가 승리하기를 기원한다.

왜
여자가 남자보다 오래 살까?

여자가 6.2년 더 산다

통계청이 2016년 발표한 한국 남자 수명은 79세, 여자 수명은 85.2세다. 여자가 남자보다 무려 6.2년을 더 산다. 다른 나라도 비슷하다. 많은 학자가 포유류, 조류, 파충류뿐만 아니라 원시 형태의 생명체조차 암컷이 수컷보다 오래 산다는 점을 들어 남녀 간의 수명 차이는 생물학적인 원인 때문이라고 추정한다. 의학 발달의 혜택을 여자만 누리는 것은 아닌데도 남녀의 수명에 차이

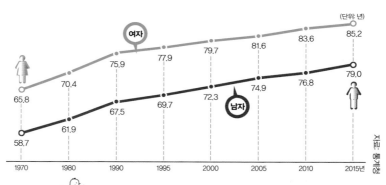

자료: 통계청

(단위: 년)

여자

65.8 70.4 75.9 77.9 79.7 81.6 83.6 85.2

남자

58.7 61.9 67.5 69.7 72.3 74.9 76.8 79.0

1970 1980 1990 1995 2000 2005 2010 2015년

한국의 남자와 여자의 기대 수명 차이.
6.2세나 차이가 난다.

가 있는 것에 학자들이 도출한 가설은 다음과 같다.

첫째는 두터운 피하지방층이다. 해부학적인 측면에서 볼 때 여성이 남성보다 오래 살 수 있는 신체 조건을 갖추었다고 본다. 여성은 아무리 마른 체형이라도 피하지방층을 가지고 있는데, 덕분에 체온을 지키기 위한 에너지를 덜 쓸 수 있어 생존 가능성이 높다는 것이다.

둘째는 적은 적혈구다. 여성은 남성보다 적혈구가 15~20퍼센트 적다. 남성은 말초 혈액 1세제곱밀리미터에 약 500만 개의 적혈구가 있는데 반해, 여성은 약 400만 개 정도다. 적혈구의 기능이 산소 운반이라는 점을 감안하면 여성이 남성보다 산소를 덜 쓰고도 살 수 있다는 뜻이다. 여성은 보통 남성보다 30퍼센트 정도 체구가 작지만 필요한 에너지도 적기 때문에 효율적이라는 설명이다. 적혈구 수의 차이는 활성산소 이론과도 연관 있다. 인간이 생명을 유지하기 위해 음식물을 섭취하고 호흡하면서 활성산소가 생성되는데, 이것이 세포 내 단백질의 구조와 기능을 변화시키는 과정에 노화가 진행된다는 것이다. 여성은 남성보다 활성산소의 영향을 적게 받으므로 남성보다 오래 산다는 논리다.

셋째는 남성의 몸이 질병에 취약하다는 견해다. 남성호르몬인 테스토스테론은 공격성과 경쟁 행동을 촉발하는 성향이 있기 때문에, 남성은 위험한 행동을 서슴지 않아 사건·사고로 많이 사망한다는 것이다.

넷째는 사회적인 환경과 생활 습관의 차이다. 남녀 간의 수명 차이를 사회적인 환경과 생활 태도 때문으로 보는 견해도 많다. 가장 유력한 것은 남성의 생활 습관이다. 남성은 돈·지위·명예·이성에 대한 경쟁적인 생활 태도와 음주·흡연 등 건강에 좋지 않은 환경에 여성보다 많이 노출된다는 것이다. 또한 전쟁을 비롯해 교통사고나 범죄 등의 사망자도 남성이 훨씬 많으며, 여성보다 과시욕이 강해 그만큼 에너지를 많이 소모한다는 설명도 있다. 캘리포니아대학 로스앤젤레스 의대 제임스 엔스트롬James Enstrom 교수는 음주와 흡연을 하지 않는 모르몬교 사제 부부 1만여 명을 대상으로 8년간 조사한 결과, 남성 평균 수명이 88.5세, 여성은 89.5세로 차이가 거의 없다는 것을 밝혀냈다. 남녀 모두 위험한 환경에 노출되지 않고 동일한 환경에서 생활할 경우 수명 차이가 없다는 것이다.

다섯째는 울음 효과다. '남자는 이래야 한다'는 식의 교육이나 사회적 압박이 있다. 남성은 여성보다 병원에 덜 가고, 사고 위험은 3~6배 높다. 램지 재단 알츠하이머 치료·연구 센터Ramsey Foundation Alzheimer's Treatment and Research Center는 남녀 평균수명의 차이가 울음 때문이라는 흥미로운 발표를 했다. 미국 성인 남성은 월 1.4회 우는 반면, 여성은 3.5회 운다고 한다. 남성은 몸과

음주와 흡연 같은 나쁜 습관은
남성의 수명을 낮추는 주요 원인으로 꼽힌다.

마음의 스트레스를 푸는 방법인 울음을 제대로 쓰지 못한다는 뜻
이다.

남성을 만드는 Y 염색체

인간 게놈 프로젝트는 남성과 여성의 차이를 설명해준다. 인간은
46개 염색체를 갖고 있는데 남성은 XY 성염색체를 갖고 있고, 여
성은 XX 성염색체를 갖고 있다. 부모의 정자와 난자에는 X염색
체나 Y염색체가 하나씩 들어 있는데 XY 염색체를 받으면 남성이
되고 XX염색체를 받으면 여성이 된다. 남성과 여성은 염색체 하
나의 차이다.

염색체 중에서도 성을 결정하는 유전자는 Y염색체에 있다.
SRYSex determining Region of Y라 불리는 이 유전자는 고환을 만드는
일을 한다. 다시 말해 이 유전자가 없으면 생식기관은 난소가 되
어 여성이 되지만, 이 유전자가 있으면 고환을 만들어 남성이 되
는 것이다.

그리스도교에서는 신이 태초에 남성을 창조한 후 그의 갈비
뼈를 이용해 여성을 만들었다고 한다. 그러나 게놈의 관점에서
본다면 이와 정반대다. 인간은 Y염색체, 정확히 말해 SRY 유전자

가 없다면 여성이 만들어지도록 기본 틀이 짜여 있다. 인간의 기본형은 여성이고 남성은 여성의 변형이라고도 말할 수 있다는 이야기다.

XY염색체 중 Y염색체는 X염색체에 비해 상당히 왜소하다. 인간의 전체 염색체 중에서 Y염색체가 가장 작다. 염기 서열의 길이는 크게 중요하지 않다는 지적도 있는데, 이는 A, G, C, T 염기의 나열이 모두 의미 있는 유전 정보로 사용되지는 않기 때문이다. 그렇지만 X염색체는 수천 개의 유전자를 갖고 있는 반면 Y염색체는 수십 개의 유전자만 갖고 있다. X염색체는 Y염색체보다 염기 서열이 대략 5배 길지만 유전자 수는 수백 배 많다는 이야기다. 이것이 의미하는 것은, 길이가 짧은 Y염색체에 있는 수십 개의 유전자가 남성을 만드는 일을 전담한다는 것이다. 그렇다면 Y염색체는 원래부터 이렇게 빈약했을까?

매사추세츠공과대학의 데이비드 C. 페이지David C. Page 교수는 성을 결정하는 X와 Y 염색체가 원래 하나였다는 발표를 했다. 페이지 교수는 X와 Y염색체가 포유류가 조류에서 분화한 직후인 2억 4,000만~3억 2,000만 년 전에 갈라졌다고 설명했다(조류는 포유류와 전혀 다른 성염색체 Z와 W를 갖고 있다. ZZ는 수컷이 되고 ZW는 암컷이 된다). 이후 Y염색체는 아직 알려지지 않은 이유로 4차례에 걸쳐 크기가 계속해서 작아졌다. 일부 학자는 Y염색체가 생

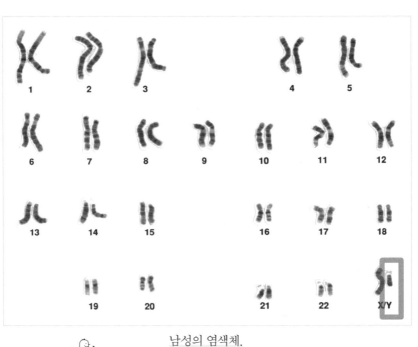

남성의 염색체.
마지막인 23번째 염색체 쌍이 성염색체로,
Y염색체는 X염색체의 절반 크기다.

식세포를 제공하는 일 외에 별다른 일을 하지 않기 때문에 퇴화했을지도 모른다고 추측한다.

문제는 성호르몬일까?

염색체를 강조하는 것은, 여성이 남성보다 장수하는 가장 설득력 있는 학설로 남녀 간의 염색체 차이를 거론하기 때문이다. 남성의 염색체는 활동 속도가 여성보다 빠르므로 수명도 짧을 수밖에 없다고 한다. 또 남성은 X염색체가 하나밖에 없어 결함이 생기면 치명적인 질환을 앓는 반면, 여성은 X염색체가 2개여서 하나에 결함이 생겨도 보완이 된다는 지적이 있다. 과거 생식능력을 없앤 내시의 평균수명이 여성과 비슷한 점으로 미루어 성性호르몬이 수명 차이를 만든다는 주장도 있다.

돌연변이 빈도에 관한 내용도 매우 흥미롭다. 남성과 여성의 생식세포가 될 부분germ line에서 상대적인 돌연변이 빈도를 측정한 결과, Y염색체가 X염색체에 비해 2배 정도 높았다. Y염색체가 X염색체에 비해 돌연변이가 많다는 것은 유전자 측면에서 남성이 여성보다 불안정하고 취약하다는 뜻이다. 이 이유를 학자들은 다음과 같이 추정한다.

남성의 경우 정자를 만들기 위해 계속해서 생식세포가 분열한다. 그런데 이 과정에서 잘못될 가능성이 높다. 예를 들어 술·담배·스트레스 등 외부 자극이 있으면 돌연변이가 될 가능성이 높아진다. 하지만 여성은 이미 난자를 갖고 태어나 한 달에 하나씩만 내보내면 된다(배란). 더욱이 유전자 염기가 고장 났을 때 이를 고치는 대응력도 여성이 훨씬 뛰어나다. 한편 Y염색체는 돌연변이 빈도는 높지만 대부분 염기 한두 개가 바뀌는 점돌연변이다. 그러나 여성 유전자는 잘 바뀌지 않는 대신 한 번 바뀌면 수십 개의 염기가 없어지거나 삽입된다. 점돌연변이는 대부분 자녀에게 유전되어 전달되지만 수십 개의 염기에 생긴 변화는 자녀에게 잘 유전되지 않는다. 태어날 아이가 돌연변이를 감당하지 못하고 숨지기 때문이다.

남성은 생식세포에 돌연변이가 많이 일어나며 이를 자녀에게 계속 물려준다. 반면 여성은 생식세포에 돌연변이가 거의 일어나지 않으며 일어난 돌연변이도 치유하려고 노력한다. 또한 심각한 돌연변이가 일어나면 아예 자신의 유전정보를 물려주는 일을 포기한다. 결국 남성은 끊임없이 유전정보에 문제를 일으키지만 여성은 이로부터 자녀를 지킨다고 할 수 있다.

남성의 정자 생산에 Y염색체보다 X염색체가 더 중요한 역할을 한다는 의외의 연구 결과도 나왔다. 페이지 교수는 남성의 정자 생산 초기 단계에 필요한 유전자의 절반가량이 X염색체에 존재한다는 것을 발견했다. 이는 Y염색체가 정자 형성에 주도적 역할을 하리라는 통념을 뒤집은 결과다. X염색체가 많은 역할을 하고 있으며, 그만큼 중요하다는 뜻이다. 이렇게 보면 여성이 남성보다 오래 산다는 것이 자연스럽게 느껴진다. 그러나 장수에 유전적 요인이 있더라도 여성이 식습관과 건강관리 같은 외부 요인을 더 잘 활용하기 때문이라는 설명에도 주목해야 한다.

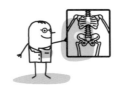

사리의 정체는
무엇일까?

 불교 수행의 결정체

불교의 대표적인 상징물로 탑·불상·불경·사리 등을 들 수 있는데, 그중에서도 핵심은 사리다. 사리는 죽은 사람의 신체를 화장한 후 나오는 것으로, 불교의 장례법인 다비茶毘의 마지막 의식으로 수습한다. 사리는 신체身體를 의미하는 산스크리트어 '사리라sarira'에서 유래했다. 이를 소리 나는 대로 표기해 '사리라舍利羅'라고 했다가 줄여서 '사리'라고 부르는 것이다. 일반적으로 말하는 사리는 몸 자체를 의미한다고 할 수 있고, 화장하고 난 뒤에 남겨진 뼈 전체 또는 가루가 된 뼛조각까지 포괄하기도 한다. 하지만 우리가 흔히 말하는 사리는 단순히 죽은 자의 몸이나 화장한 뼈를 부순 것이 아니라, 불심이 충만한 불자의 몸에서 나온 것을 가리킨다.

석가모니의 유골은 생신生身 또는 신골身骨 사리, 부처님의 가르침은 법신法身 사리라 한다. 스님의 시신 자체는 전신全身 사리, 유골 또는 화장 후 나온 결정체는 쇄신碎身 사리로 불린다. 쇄신 사리는 큰 것은 콩만 하고, 작은 것이 팥알만 하다. 검은색, 흰색, 붉은색, 노란색 등이 뒤섞인 영롱한 색을 띠며 수행의 결정체로 평가받는다. 석가모니의 몸에서 나온 진신 사리는 여덟 섬 네 말이었다고 하며 주로 남방불교 국가들에서 모시고 있다.

우리나라의 고승 가운데도 사리가 나온 분이 많다. 구산 스님의 53과, 효봉 스님 34과, 자운 스님 19과, 탄허 스님 13과, 학명 스님 10과, 청담 스님 8과, 혜운 스님 20과, 금담 스님 4과, 동산 스님과 용성 스님이 각 2과의 사리를 남겼다. 2003년 정대 스님 화장 후 120과의 사리가 나왔고, 좌탈입망座脫立亡(좌선한 채로 열반에 드는 것) 상태로 입적한 서옹 스님은 4과가 나왔다. 정대 스님의 사리는 가장 큰 것이 지름 1.5센티미터나 된다고 알려졌으며 2005년 5월에 입적한 벽암 스님의 몸에서는 연꽃 모양의 사리가

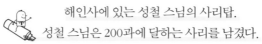 해인사에 있는 성철 스님의 사리탑.
성철 스님은 200과에 달하는 사리를 남겼다.

수습되기도 했다. 1993년 성철 스님의 다비식에서 200여 과에 달하는 사리가 나왔다고 발표되었는데, 석가모니 이래 가장 많은 사리라고 한다.

공덕이 높은 스님 중에는 입적 후 자신의 사리를 수습하지 말라고 명하기도 한다. 2010년 입적한 법정 스님은 자신의 몸에서 사리를 찾지 말라해 사리를 수습하지 않았고 은허 스님은 법력은 눈에 보이지 않는 데 있지 사리에 구현된 것은 아니라며 자신의 입적 후에 사리 수습을 못하게 했다.

진짜일까, 가짜일까?

불교계에서 발표하는 사리 내역을 보면 진짜인지 모르겠다는 지적이 있는 것도 사실이다. 부처님의 진신 사리라고 알려진 것만 해도 국내에 6군데나 모셔져 있다. 신라시대 자장 대사가 갖고 온 것으로 알려진다. 양산 통도사, 오대산 상원사, 태백산 정암사, 설악산 봉정암, 사자산 법흥사에 봉안되어 있으며 금강산 건봉사에는 부처의 치아 사리가 봉안되어 있다고 알려진다.

문제는 이곳들은 제외하고도 많은 곳에서 부처의 진신 사리를 봉안하고 있다고 주장한다는 점이다. 놀라운 것은 조선시대의

금강산 건봉사에
봉안된 부처의 치아 사리.

사리에 대한 기록이다. 조선 초기에 사리 신앙은 왕실을 중심으로 성행했다. 태조는 1393년 4월에 정릉 흥천사에 사리각舍利閣을 건설하고 7일 기도를 올렸다. 이때 사리 4과가 분신分身(몸을 나누어서 화현하는 것)해, 불당을 건립하고 사리를 봉안했다는 기록이 보인다.

1398년에는 명나라 태조가 조선에서는 숭불崇佛하지 않으므로 보관하고 있는 사리를 거두어달라고 사신을 보냈다. 조정에서는 각 지역의 사리를 모으도록 명했는데 충청도에서 45과, 경상도에서 164과, 전라도에서 155과, 강원도에서 90과 등 모두 454과가 모였다. 태조는 자신이 보장寶藏하던 303과를 더해 모두 747과를 넘겨주었다.

특히 세조 때에 사리에 관한 여러 기록이 전해진다. 개성 연복사의 승려가 사리라고 진상한 함을 열어보니 좁쌀이었다는 기록도 있고, 세조 10년에는 삼각산 장의사에서 사리가 분신하므로 백관이 서한을 올려 경하했더니 오색구름이 나타났다고 한다. 세조는 원각사를 세우고 사리를 봉안했으며 양평의 용문사를 중창하고 사리탑을 세웠으며 양주에 수종사를 창건하고 사리탑을 세웠다. 세조가 세운 사리탑은 수십 개에 이른다.

위 내용만 보아도 사리가 너무 많게 느껴진다. 불교계에서 신앙심을 고취하기 위해 비밀리에 사리를 만든 것이 아니냐는 의문이 드는 것도 사실이다. 가짜 사리를 만드는 것이 간단한 일은 아니지만, 좁쌀을 사리라고 할 정도이므로 사리의 진위에 의심이 가시지 않는다. 이러한 의문은 입적한 스님의 사리를 과학적으로 증명할 수 있느냐로 귀결된다. 한마디로 사리의 정체가 무엇이냐는 것이다.

과학으로 살펴본 사리

사리는 사람의 몸에서 나온다. 그렇다면 어떤 연유로 사람의 몸에서 사리가 만들어지는 것일까? 제일 먼저 거론되는 것은 조개가 만드는 진주와 같다는 설이다. 조개의 몸 안에 모래·알·기생충 등이 들어가면 진주질眞珠質로 이것을 둘러싼다. 진주질을 분비하는 외투막의 세포가 조개 안에 들어온 이물질을 싸서 펄색 pearl sac이라는 자루 모양의 조직을 만들어 그 둘레에 진주질을 분비하는 것이다. 그러나 사리를 진주와 유사하다고 보는 것은, 한 사람의 몸에서 수많은 사리가 생기는 것을 감안할 때 설득력이 떨어진다.

의학계에서는 사리를 신진대사가 잘 이루어지지 않을 때 생기는 담석이나 결석의 일종으로 파악한다. 인간의 몸을 이루고 있는 것은 대부분 유기물이다. 유기물은 다비식과 같은 고온의 불길에서 연소되어 아무것도 남지 않게 된다. 불길 속에서도 남을 수 있는 것은 무기물로 이루어진 뼈와 사리뿐이라는 주장이다. 연세대학교 이무상 교수는 사리 자체를 분석해본 적이 없기 때문에 단정적으로 말하기는 어렵지만 칼슘을 많이 포함한 신장의 결석이나 담석이 사리가 되었을 가능성을 시사했다.

> 우리 몸에서 가장 흔한 무기물이 칼슘이고 이 칼슘이 고열 속에서 다른 유기물과 결합해 어떤 화학변화를 일으켰을 가능성이 있다. 뼈를 제외하고 우리 몸에 생길 수 있는 무기물로는 콩팥의 결석이나 간이나 쓸개, 기관지에 생기는 담석 등이 대표적이다. 콩팥 결석이나 담석은 모두 칼슘을 포함하며 나이가 많아질수록 잘 생긴다. 사실 돌 자체는 우리가 밥 먹고 사는 동안 계속 만들어진다. 결석은 우리나라의 경우 유병률이 30퍼센트, 증상이 있는 유병률이 8퍼센트나 되기 때문에 매우 흔한 것이라 할 수 있다.

정좌한 채 몇 년씩 움직이지 않고 수행하는 스님들은 영양 상태도 좋지 않고, 신진대사가 원활할 수 없기 때문에 결석이 생길 확률이 더욱 높아진다. 성철 스님도 15년간 앉아서 잠을 잤기 때문에 사리가 많이 나왔다고 추측하기도 한다.

 다비식에서 고온의 불로 사람의 몸을 태우면
신체 대부분은 타서 없어지지만 무기물로 이루어진 일부분은 남는데,
이것이 사리라는 주장도 있다.

그러나 사리가 결석이라면, 살아 있을 때 매우 고통스러워야 한다. 사리가 나온 스님은 모두 입적하기 전까지 결석으로 고통을 호소한 적이 없었다. 성철 스님은 목 부위에서 수많은 사리가 나왔는데 이것이 모두 결석이라면 거동조차 어려웠을 것이라는 반론도 있다. 서울대학교 서정돈 교수도 사리가 결석이라는 의견에 회의적이다.

담석 또는 결석론도 사리에 대한 과학적 분석이 되지 않은 상황에서 그저 추론에 지나지 않는다. 더구나 담석 등의 칼슘 성분은 뼈보다도 열에 약하기 때문에 이 가설에 문제점이 있다. 시신을 단시간에 고열에서 처리하는 화장의 경우는 아주 큰 뼈를 제외하고는 모두 타버리지만, 그보다 긴 시간 동안 태우는 다비 의식의 경우 어떤 요인이 존재할지도 모른다.

그러나 다비식을 해도 사리는 보통 사람에게서는 거의 나오지 않고 주로 수행을 많이 한 스님에게서 나온다. 다비식에 어떤 요인이 있다면 다비식을 치른 거의 모든 사람에게서 사리가 나와야 한다.

인하대학교 임형빈 박사는 사리를 분석한 결과를 발표했다. 백금요법연구회는 1993년 말 입적한 한 고승의 사리 2과를 임형빈 박사에게 제공했다. 그 고승은 사후 사리가 나오면 이를 유용한 일에 써달라는 유언을 남겼다고 한다. 임형빈 박사는 제공받은 2과의 사리 중 1과를 분석했다.

> 지름 0.5센티미터 정도의 팥알 크기 사리에서 방사성원소인 프로트악티늄, 리튬을 비롯해 타이타늄, 나트륨, 크로뮴, 마그네슘, 칼슘, 인산, 산화알루미늄, 불소, 산화규소 등 12종의 성분이 검출되었다. 사리의 성분은 일반적으로 뼈 성분과 비슷했으나 프로트악티늄, 리튬, 타이타늄 등이 들어 있는 것이 큰 특징으로 사리의 굳기 즉, 경도는 1만 5,000파운드(약 6,800킬로그램)의 압력에서 부서져 1만 2,000파운드(약 5,500킬로그램)에서 부서지는 강철보다도 단단했다. 결석의 주성분은 칼슘, 망간, 철, 인 등으로 고열에 불타 없어지며 경도도 사리처럼 높지 않다. 사리는 결석이 아니다.

단 1과의 사리를 분석한 것이지만 사리가 결석이라는 주장에 반하는 결과다. 가장 놀라운 것은 뼈에서 일반적으로 발견되지 않는 프로트악티늄, 리튬, 타이타늄 등이 발견되고 강도가 강철보다도 단단했다는 점이다. 프로트악티늄(용융점 1,567.85도)과 타이타늄(용융점 1,667.85도)은 고온에서 녹는 물질이지만 리튬(용융점 180.54도) 등은 저온에서 녹으므로 발견되지 않는 것이 상식인데도 발견되었다. 특히 방사성원소인 프로트악티늄 등이 검출되었다는 것은 매우 놀라운 일이다. 일반적으로 방사선원소를 상온에서 만드는 것은 불가능하다고 알려졌기 때문이다.

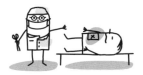

냉동 인간을
되살리는 방법

인간을 보존하는 방법

고대 이집트인들은 다양한 물질을 이용해 미라를 만들었다. 영국
브리스틀대학 리처드 에버셰드Richard Evershed 교수는 이집트인들
이 박테리아와 수분을 차단하기 위해 식물성 수지와 밀랍 등 다
양한 물질을 사용했다는 사실을 밝혀냈다. 과학자들은 시신에 붕
대를 감기 전 수분을 제거하기 위해 천연 탄산소다를 사용했다는
사실은 알고 있었으나 습기 찬 무덤 안에서 부패를 방지하기 위

해 어떤 방부제를 사용했는지는 알지 못했다. 연구팀은 기체 크로마토그래피와 질량분광기를 사용해 이집트인들이 미라 제작 시 각종 식물에서 얻은 수지·기름·향료·동물성 지방·밀랍 등을 사용했다는 것을 발견했다. 이 중에는 중동에서 수입된 노간주나무와 히말라야삼목의 기름 같은 값비싼 재료도 포함되어 있었다.

이집트인들은 미라를 만드는 데 동물성 지방보다는 구하기 쉽고 자연적으로 굳어 수분 침투를 막는 식물성 기름을 사용했다. 송진과 밀랍도 많이 사용했는데, 미생물과 수분 침투를 막아주는 기능이 탁월하기 때문이다.

많은 기술을 동원해 보존했지만 미라가 살아난 적은 없다. 하지만 죽은 사람, 혹은 아픈 사람을 보존해 미래에 깨우겠다는 아이디어는 계속 이어지고 있다. 1993년 개봉한 영화 〈데몰리션 맨〉은 냉동 인간 문제를 매우 심층적으로 다루었다. 2005년 방송된 드라마 〈그녀가 돌아왔다〉는 심장마비로 쓰러진 주인공이 냉동 캡슐에 갇혀 있다 깨어나면서 벌어지는 상황을 다루었다.

냉동 인간을 선택하는 사람들

1967년 캘리포니아대학 버클리의 심리학 교수 제임스 베드퍼드 James Bedford는 세계 최초의 냉동 인간이 되었다. 그는 간암이 폐로 전이되어 사망했는데, 유언대로 의료진은 그를 냉동 처리한 다음 액체질소 보관 장치로 옮겼다. 베드퍼드 교수는 현재 미국 애리조나주에 있는 냉동 보존 업체 알코어의 냉동실에 잠들어 있다.

1972년에 설립된 알코어는 1980년대만 해도 회원이 불과 10여 명밖에 없었지만 현재는 회원 수가 1,100여 명에 이른다고 한다. 월트 디즈니Walt Disney를 비롯해 중국 작가 두훙杜虹, 미국 야구 선수 테드 윌리엄스Ted Williams 등은 물론 14세 말기암 환자도 냉동 인간을 선택했다. 한국인도 상당수 있다고 한다.

흥미로운 것은 알코어에 보존된 냉동 인간 중 몸 전체가 보존된 이는 절반뿐이고 나머지는 뇌만 보존하고 있다는 것이다. 뇌만 보존하는 것은 대부분 경제적인 이유 때문이다. 몸 전체를 보존하는 비용은 20만 달러인 데 비해 뇌만 보존하면 8만 달러밖에 들지 않는다. 뇌만 보존해도 DNA 복제 기술이 발달하면 신체를 만들 수 있기 때문에 뇌 보존을 선택하기도 한다.

사람을 냉동시켜 보존했다가 해동하면 다시 살아날 수 있다는 주장을 최초로 펼친 사람은 1962년 미국의 물리학자 로버트

알코어에 보존된
냉동 인간.

에팅어Robert Ettinger 박사다. 그는 『냉동인간』에서 기체 상태인 질소가 액체로 변하는 영하 196도라면 시체를 몇백 년 동안 보존하는 데 적합하다고 제안했다. 한마디로 냉동 인간이 되면 시신을 노화되지 않은 채로 보존할 수 있다는 것이다. 에팅어 박사는 2011년 92세의 나이로 사망하자 자신의 시신을 냉동 상태로 보존했다.

사람을 얼렸다 녹여도 괜찮을까?

인간을 꽁꽁 얼렸다가 되돌리는 것이 가능하다고 믿는 것은 실제로 세포 단계에서 성공한 적이 있기 때문이다. 1946년 프랑스의 생물학자 장 로스탕Jean Rostand은 개구리의 정자를 얼렸다가 복원했다. 세포는 대부분 물로 이루어져 있으므로 얼리면 뾰족한 얼음 결정이 만들어지는데, 이 결정이 세포막을 찔러 세포가 손상된다. 로스탕은 세포액을 글리세롤이라는 동결 억제제로 바꾸어 얼음 결정이 생기지 않도록 했다. 세포를 글리세롤이나 다이메틸설폭시화물에 담그면 삼투압 현상으로 세포에서 물이 빠져나오고 그 자리에 동결 억제제가 들어간다. 이를 이용해 1960년부터 소와 사람의 정자를 냉동하고 해동했다. 정자는 수분이 적고 냉기

알코어에서 냉동 인간을 관리하는 모습.
1967년 베드퍼드 교수가 냉동 인간을 선택한 이후
많은 사람이 냉동 인간을 선택하고 있다.

에 강한 단백질로 이루어져 있어 냉동이 쉬운 편이다. 난자는 정자보다 냉동시키기 어렵지만 두 생식세포 모두 얼렸다가 녹여 수정란을 만드는 기술까지 개발되었다.

근래에는 세포가 아니라 살아 있는 생물을 영하 196도로 급속 냉각한 다음 미지근한 물에 넣어 해동시켜 되살려냈다. 쥐와 개는 4시간 30분 동안 냉동 상태에 있다가 아무 이상 없이 깨어났다. 가장 오랜 기간 냉동 보관되었다 살아난 동물은 곰벌레다. 곰벌레는 8개의 다리가 있으며 몸 크기는 50마이크로미터에서 1.7밀리미터 정도다. 물곰water bear이라고도 불리는데, 행동이 굼뜨고 느릿한 완보동물이다. 곰벌레는 영하 273도, 영상 151도, 치명적인 농도의 방사성물질에 노출되어도 죽지 않는 것은 물론, 음식과 물 없이도 30년을 살 수 있다. 이 때문에 곰벌레는 지구가 멸망해도 살아남을 수 있다는 바퀴벌레보다도 한 수 위라는 평가를 받는다. 남극에서 채집한 뒤 30년간 냉동 보관해오던 이끼 속에 섞여 있던 곰벌레에 물을 주자 깨어나서 알을 낳기도 했다.

한편 툰드라지대에 사는 도롱뇽은 영하 35도 이하에서도 목숨을 보존한다는 사실이 밝혀졌다. 이 도롱뇽은 동면에 들어가면 몸을 움직이지도 않을뿐더러 심장도 작동하지 않고 혈액순환도 멈춘다. 얼음 결정은 피하皮下와 근육 사이에도 스며들어가 세포까지도 얼려놓는다. 몸이 어는 것은 세포에 치명적으로, 신체의 모든 대사가 엉망진창이 될 텐데도 이들 동물은 되살아난다.

인간을 냉동시키는 방법은 잘 알려져 있다. 우선 사망하자마자 심폐 소생 장치를 연결해 호흡과 혈액순환 기능을 되살린다. 그런 다음 정맥주사를 놓아 세포가 썩지 않도록 한 후 가슴을 열고 갈비뼈를 분리한다. 다음에는 몸속의 피를 비롯한 모든 체액을 빼내고 동결 억제제인 다이메틸설폭시화물을 채워넣는다. 이렇게 처리한 시신을 영하 196도로 급속 냉각한 질소 탱크에 넣고 해동될 때까지 기다리는 것이다.

문제는 해동이다

동결법은 완만 동결법slow cooling method과 급속 동결법인 유리화 동결법vitrification이 사용된다. 핵심은 몸에 남은 물이 얼음 결정을 이루지 않도록 온도를 아주 천천히 또는 급속하게 떨어뜨리는 것이다.

완만 동결법은 오늘날 가장 많이 쓰이고 있다. 기계 내의 컴퓨터가 자동으로 액체질소의 공급량을 조절해 냉동 속도를 조절하는 방법이다. 유리화 동결법은 최근에 개발된 방법으로, 고농도의 동결 억제제를 이용해 세포 내 물을 제거하고, 이를 액체질소에 바로 담그는 방법이다. 유리화는, 동결 과정 중 세포 내 수분과 동결 억제제가 결정이 만들어지지 않는 유리처럼 된다고 해서 붙여진 이름이다. 유리화 동결법을 사용하면 얼음 결정이 형성되지 않지만 고농도의 동결 억제제가 세포에 치명적인 피해를 입히게 된다.

문제는 해동 가능 여부다. 현재 냉동 인간을 선택한 사람들은 과학이 발전하더라도 영원히 잠에서 깨어나지 못할 가능성도 배제하지 못하며, 냉동 인간이 된 후 해동되더라도 온전할지는 불분명하다는 것이다. 현재 많은 곳에서 활용 중인 냉동 정자의 복원율도 완전하지 않다. 난자와 정자 등은 하나의 세포로 이루어져 냉동 과정에서 얼음 결정이 생기지 않는데도 그렇다. 하지만 인간은 60~100조 개 이상의 세포로 이루어져 있을뿐더러 다이메틸설폭시화물의 독성도 문제고, 장기나 조직마다 얼고 녹는 속도가 달라서 세포가 상하기 쉽다. 특히 뇌의 기능 회복될 수 있을지는 아직 확신하지 못한다.

물론 긍정적인 연구 결과도 있다. 독일에서 의학적으로 엄격히 관리된 조건에서 사망 상태가 되었다가 40분 후에 해동하는 실험이 실시되었다. 실험 결과 4명 중 3명은 살아났고 1명은 영영 깨어나지 못했다. 생존자 중 1명은 아무것도 기억해내지 못했다. 나머지 2명은 사후 경험담을 이야기했으나 흥미롭게도 그 내용이 서로 매우 달랐다.

1980년대 미국 유타주에서 2세 아이가 집 근처 개울에 빠진 사건이 있었다. 물에 빠진 지 66분 후에 꺼냈는데 심장이 멈추었고 체온이 19도였다. 의사들이 체온을 높이기 위해 교환수혈을 하자 30분 만에 정상 체온으로 돌아왔다. 아이는 4일 후에 정상으로 돌아왔고 8주 만에 퇴원했다.

2001년 2월 말에 캐나다에서 13개월 된 아이가 기저귀만 찬 채로 집 밖에 나갔다가 영하 24도의 눈밭에서 동사한 사건이 있었다. 아이가 발견되었을 때는 산소 부족으로 인한 뇌 손상은 없었지만 심장이 멈춘 지 2시간이나 지났고, 체온이 16도에 지나지 않았다. 의료진은 아이가 사망했다고 진단할 수밖에 없었는데, 담요를 덮어주자 놀랍게도 심장이 다시 뛰기 시작했다. 의사들은 저온 상태였으므로 산소 요구량이 감소해 뇌 손상이 없었을지도 모른다고 추정했다.

 발전하는 냉동 인간 기술

학자들은 해동 문제에 관해 나노 기술이 답이 될 수 있다고 기대한다. 미세한 기계를 해동 중인 인체에 투입해 수조 개에 이르는 세포를 하나하나 복구한 다음 환자를 소생시킨다는 것이다. 미래에는 혈관 벽에 붙은 찌꺼기를 제거해 동맥경화를 치유하는 것처럼 나노 로봇이 세포를 복구할 수 있을지도 모른다.

하지만 뇌를 복구하는 것은 쉬운 일이 아니다. 뇌는 100억 개 이상의 신경세포로 가득 차 있고, 신경세포 하나는 다른 신경세포 1,000여 개와 이어져 있다. 이 회로들은 무려 10만 킬로미터의 배선을 이루는데 이런 배선을 완벽하게 복원해야 하는 것이다. 더불어 뇌의 메커니즘은 여전히 불명확하다. 냉동 인간에 부정적인 학자들은 뇌의 작용 중 색깔을 인식하는 과정에 관한 신경·생물학적 답조차 나오지 않았는데 뇌를 복구해 의식을 되찾는다는 것은 허황한 바람에 지나지 않다고 지적한다.

나노 로봇이 실현되기 어려워도 방법이 없는 것은 아니다. 우선 냉동 인간의 해동 과정에 세포 내부의 특정 부위마다 다른 종류의 냉동 억제제를 사용하면 세포 손상을 막을 수 있다. 물론 세포의 특질이 명확해야만 특정 냉동 억제제를 사용할 수 있지만, 관련 연구가 순조롭게 진행되고 있다. 또한 해동 속도를 조직의 특성에 맞게 조절하는 방법도 있다.

알코어는 냉동 인간에 비판적인 사람들에게 "냉동 보존 인간의 회생이 불가능하다는 것에 대한 분명한 기술적 반박도 존재하지 않는다"라고 반박한다. 발전하는 냉동 인간 보존 기술을 기반으로 관련 산업도 성업 중이다. 미국 텍사스주 컴포트에는 세계 최대 규모의 냉동 보존 연구 센터가 건설되는 중인데 타임십 빌딩이라고 명명된 이 센터가 완성되면 최대 5만 명의 냉동 인간을 보존할 수 있다고 한다.

냉동 인간이 되려는 사람과 냉동 인간 보존 업체 간의 계약이 이채롭다. 냉동 인간 보존 업체들은 고객에게 시신을 냉동 처리한 후 보관한다는 계약만을 체결하고 언제 시신을 해동해준다는 보장은 하지 않는다. 해동 시점을 알 수 있다는 것은 완벽하게 해동할 수 있다는 것을 의미하므로, 현재로서는 이 계약 사항을 비난할 수는 없다.

냉동 인간을 완벽히 깨우는 방법은 단기간 내에 개발되지 않을 가능성이 높지만, 이와 유사한 기술은 이미 성공 단계다. 바로 인공 동면이다. SF 영화에서는 장거리 우주여행을 할 때 인공 동면으로 비행 기간 문제를 해결한다. 이 분야는 매우 전망이 밝은데 쥐를 동면시켰다가 부작용 없이 깨어나게 하는 실험은 성공했다. 워싱턴대학과 프레드 허친슨 암 연구 센터 연구팀은 쥐를 황화수소 80ppm이 주입된 공간에 넣었다. 수 분 만에 쥐는 움직임을 멈추고 의식을 잃었다. 호흡이 분당 120회에서 10회 미만으로 줄고 체온은 36.7도에서 11도까지 떨어졌으며 신진대사는 90퍼센트나 감소했다. 이 기술을 이용해 현재 기술로 완치가 어려운

병에 걸린 환자를 치료법이 개발될 때까지 동면시킬 수 있을 것이다. 지금의 과학기술로 냉동 인간을 완벽히 부활시키긴 힘들겠지만 다양한 기술이 날로 발전하고 있으므로 기대해볼 만하다.

많이 먹어도
살찌지 않는 체질이 있을까?

사람마다 체질이 다르다

제2차 세계대전이 끝나고 포로가 석방되었을 때, 포로 중 살찐 사람은 단 1명도 없었다. 일반 사병이야 열악한 환경에서 부실한 식사를 공급받았기 때문에 당연한 일이라고 할 수 있지만, 일부 장교는 제공된 음식이 나빴기 때문이라고 단정 지을 수 없다.

학자들은 포로수용소에서 아무리 좋은 음식을 먹어도 살이 찔 수 없다고 한다. 역으로 생각하면, 비만인 사람이 포로수용소와 같은 환경에 놓인다면 살이 빠질 수 있다는 것이다. 인간은 먹고 싶을 때 마음껏 먹으면서도 살이 찌지 않는 방법을 찾고 싶어한다. 살이 찌지 않으면 날씬한 몸매를 유지하면서 성인병까지 예방할 수 있기 때문이다. 많은 사람이 '많이 먹어도 살찌지 않는 체질'이 되고 싶어 한다.

사람마다 체질이 다른 것은 상식이나 마찬가지다. 어떤 사람은 뚱뚱하고 어떤 사람은 가냘프며 어떤 이는 위장이 튼튼해 무엇이나 소화를 잘 시키지만 그렇지 못한 사람도 있다. 암 등 치명적인 질병에 걸릴 확률도 체질에 따라 다르다. 조선 후기 사람인 이제마李濟馬는 사람의 체질을 태양인太陽人, 태음인太陰人, 소양인少陽人, 소음인少陰人 4가지로 나누기도 했다. 독일 하이델베르크의 유럽분자생물학연구소는 인간의 침·피부·대변 등의 표본을 채취해 박테리아의 DNA를 분석했다. 그 결과 몸 안에서 지배적으로 발견되는 박테리아의 종류는 박테로이데스bacteroides, 프레보텔라prevotella, 루미노코쿠스ruminococcus 등 3종류라고 밝혔다.

 박테리아로 사람을 구분하다

인간의 몸에는 인간의 세포 수와 거의 비슷한 약 60~100조 마리

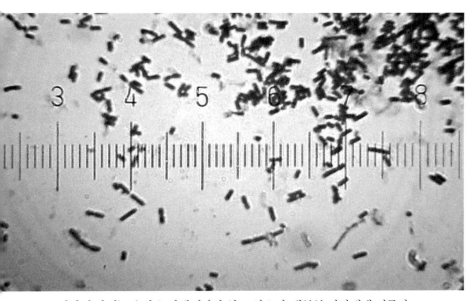

사람의 장에는 수많은 박테리아가 살고 있으며, 대부분 사람에게 이롭다.
장에 좋은 유산균이 많을수록 건강에 좋다고 알려져 있다.
사진은 프로바이오틱의 일종인 락토바실러스 아시도필루스다.

의 박테리아, 즉 세균이 살고 있다. 종류로 따지면 1,500여 종류가 넘는 박테리아가 있다고 알려지는데 이 중 99퍼센트는 장에 거주하며, 대부분이 좋은 역할을 한다. 이 박테리아들은 식물의 섬유소를 분해해 인체가 흡수할 수 있는 탄수화물로 전환하며 다양한 비타민을 생산하고, 병원균의 증식을 억제한다.

몸속 박테리아는 3가지 유형의 '지배적 박테리아'를 중심으로 네트워크를 구성하는데 나이·성별·인종적 차이는 없다. 체내 박테리아의 생태계는 마치 숲의 조성과 유사하다. 숲에는 여러 종의 생물이 모여 살지만 툰드라·열대우림·사바나처럼 확실하게 분류할 수 있는 생태계 구성 방식이 존재한다. 인간의 몸 안에도 지배적 박테리아를 중심으로 그 밖의 박테리아가 모여 사는, 박테리아 생태계가 만들어져 있다는 것이다.

페어 보르크Peer Bork 박사는 지배적 박테리아를 기준으로 나눈 체질 분류에 '장유형enterotypes'이라는 이름을 붙였다. 장유형이란 소화기 내의 세균 생태계를 바탕으로 한 유기체의 분류를 뜻한다. 박테리아마다 다른 효소를 지니고 있으므로, 박테리아의 종류에 따라 역할도 다르다. 예를 들어 박테로이데스 유형은 탄수화물을 분해하는 능력이 좋아 비만이 별로 없으며 바이오틴(비타민B7)이 많이 만들어진다. 바이오틴은 피부나 머리카락을 건강하게 가꾸어준다. 프레보텔라는 배앓이를 많이 하게 하지만 티아

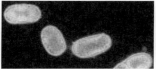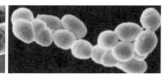

3가지 종류의 장내 박테리아.
순서대로 박테로이데스, 프레보텔라, 루미노코쿠스.

민(비타민B₁)을 많이 생성한다. 티아민은 육체적·정신적 피곤이나 집중력 저하 등을 막아주는 비타민으로, 부족할 경우 신경염에 걸릴 가능성이 커진다. 루미노코쿠스는 포도당을 잘 흡수하므로 살이 찔 확률이 높다. 물만 먹어도 살이 찐다는 사람은 루미노코쿠스가 많은 체질일 가능성이 높다.

사람들은 평생 감기에 걸리지 않는다는 사람, 남들보다 적게 먹어도 살이 찌는 사람이 있는가 하면 아무리 먹어도 살이 안찌는 사람, 요구르트만 먹어도 배탈이 나는 사람이 있다. 이 연구 결과를 통해 장 속의 박테리아 네트워크 유형에 따라 반응이 다르다는 것을 비로소 파악한 것이다.

비만 박테리아

박테리아의 구성비는 비만과도 밀접한 관련이 있다. 워싱턴대학의 제프리 고든Jeffrey Gordon 교수는 사람에 따라 피르미쿠테스firmicutes와 박테로이디테스bacteroidetes의 숫자가 크게 다르다는 것을 발견했다. 비만인 사람은 날씬한 사람에 비해 피르미쿠테스가 20퍼센트 많았고 박테로이디테스는 90퍼센트 가까이 적었다. 비만인 사람들이 1년간 체중을 25퍼센트가량 줄이자, 피르미쿠테스의 비율은 떨어졌고 박테로이디테스의 비율은 올라갔다.

고든 교수는 비만 생쥐와 날씬한 생쥐의 장내 박테리아를 무균 상태의 생쥐에 주입했다. 비만 생쥐의 박테리아를 주입받은 생쥐들은 날씬한 생쥐의 박테리아를 주입받은 생쥐들에 비해 체지방 증가량이 2배에 이르렀다. 박테리아에 의해 비만 여부가 좌우될 수 있다는 것이다. 동일한 음식을 먹어도 어떤 사람은 더 많은 영양분을 흡수한다는 것으로, 비만의 원인인 과식 · 운동 부족 · 유전자에 장내 박테리아를 추가해야 한다는 것을 의미한다.

혈액형보다 박테리아형

카를 란트슈타이너Karl Landsteiner가 인간의 혈액에 유형이 있다는 것을 발견한 것처럼, 이제는 체내 박테리아를 기준으로 사람의 체질을 분류할 수 있게 되었다. 혈액형의 발견이 수혈과 장기이식에 결정적인 진전을 가져온 것과 마찬가지로, 박테리아의 성질을 이용한 체질 분류로 맞춤형 약물 · 항생제 연구 등에 큰 변화를 불러올 수 있다. 일례로 비만 유발 박테리아와 억제 박테리아가 적절하게 균형을 이루도록 만든다면, 또는 비만 유발 박테리아를 조절할 수 있다면 마음껏 먹어도 살이 찌지 않을 수 있다. 병에 걸리지 않도록 박테리아로 체질을 바꿀 수도 있다.

　의사들은 어떤 질병에 대항하는 약을 투여할 때 대략 50~
60퍼센트의 환자들이 반응한다는 통계를 근거로 환자와 보호자
에게 약의 성능을 알려준다. 투여하는 약이 100퍼센트 효과를 볼
수 없다는 뜻이다. 이를 역으로 말한다면 40~50퍼센트는 약의 효
과를 보지 못하거나 부작용을 겪는다는 뜻이다. 이는 어쩌면 장
내 박테리아 때문일지 모른다. 박테리아 체질을 완전하게 분석한
다면 항생제의 남용 등도 사라질 수 있다.

　학자들이 장내 박테리아에 기대를 거는 것은, 유전적으로 결
정되는 혈액형과 달리 박테리아 유형은 후천적으로 결정될 가능
성이 크기 때문이다. 태어난 직후 장을 지배하는 박테리아의 종
류에 따라 장내 생태계는 3가지 유형 중 하나로 발전해간다. 인위
적으로 조절이 가능할지도 모른다.

　장내 박테리아 연구가 진척된다면 장기이식을 하거나 수혈
을 하기 전에 혈액형을 체크하듯, 각종 질병을 치료하기에 앞서
박테리아형부터 검사하고 맞춤형 약물을 투여하게 될 것이다. 자
신의 혈액형을 알아두는 것이 필수인 것처럼 앞으로는 박테리아
형이 무엇인지 알아두어야 할 시대가 올지도 모른다.

왜
아프리카 사람들은 피부가 검을까?

검은 피부의 비밀

아프리카 사람들은 대부분 피부가 검다. 우리는 '아프리카 흑인'
이라는 말을 당연하게 받아들인다. 그런데 왜 아프리카 사람들은
피부가 검은색일까? 이에 대한 가장 무난한 답변은 적도 근처에
서 따가운 햇볕을 많이 받기 때문이라는 것이다. 일광욕을 하면
피부가 검어진다. 그러니 계속 햇볕을 받으면서 살아야 하는 아
프리카 사람들은 피부가 검게 변한다는 것이다. 실제로 흑인은

대부분 적도를 중심으로 아프리카·아시아·태평양·남미 등 열대 지역에 분포한다. 동남아시아 쪽의 적도 지방인 호주와 파푸아뉴기니 섬의 원주민 역시 흑인이다.

많은 학자가 유전자를 통해 인류의 이동을 분석하는데, 다소 이견은 있지만 유럽 학자들은 인류의 시원始原을 아프리카 흑인으로 보고 있다. 적어도 100만 년 전에 호모에렉투스가 아프리카를 떠나 각 지역에 정착했다. 이를 '아프리카 탈출'이라고도 한다. 그런데 정착한 지역의 기후 영향으로 체내 멜라닌 색소에 변동이 생겨 피부색이 달라졌다는 것이다. 기후가 추운데다 햇볕이 많지 않은 지역, 즉 유럽 북부로 간 사람들은 멜라닌 색소가 적어져 백인이 되었고 아시아 쪽으로 간 사람들은 시간이 지나자 황인종이 되었다는 것이다. 일반적으로 햇볕이 잘 비추지 않는 곳에서 살려면, 피부색이 하얀 편이 생존에 유리하다. 유럽 북부로 갈수록 햇볕이 많지 않으므로 하얀 피부를 가진 사람이 많아졌는데, 이들이 계속 많은 자손을 남기면서 유럽에 하얀 피부를 가진 사람이 많아졌다는 것이다.

그렇다면 백인종이나 황인종이 적도 지역에서 상당 기간 살면 흑인이 될까? 남아프리카공화국 백인들은 몇백 년 동안 흑인과 함께 살았지만, 피부색이 검어지지 않았다. 이 역시 유전 요인으로 설명할 수 있다. 흑인과 백인은 멜라닌 색소의 수가 아니라

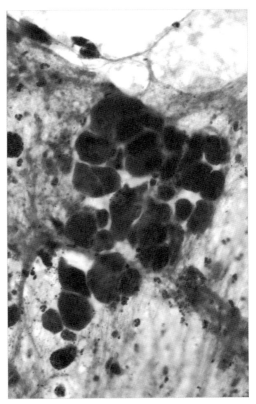

멜라닌 색소는 피부·머리카락·눈동자 등에서 발견되는
색소 세포로, 자외선에서 피부를 보호해준다.

멜라닌 색소의 위치를 지정하는 유전자로 결정되기 때문이다. 즉, 백인과 흑인의 혼혈이 지속적으로 이루어지면, 백인의 피는 얇어지고 흑인의 특징을 갖게 된다. 백색 피부와 흑색 피부가 유전될 때 흑색 피부 유전자가 우세하므로 혼혈이 계속되면 백인의 유전자를 가진 사람은 줄어들게 된다. 백인과 흑인이 아이를 낳으면 대부분 흑인 특성이 강한 아이들이 태어난다.

 피부색을 결정짓는 요인

그런데 아프리카에 사는 사람이 전부 흑인인 것은 아니다. 이유는 무엇일까? 인간의 피부색에 대해 학자들은 크게 2가지로 나누어서 연구한다. 첫째는 피부색이 언제부터 지역에 따라 달라졌느냐고, 둘째는 정말로 햇볕 때문에 피부색이 변했느냐다.

첫째 질문에 대해서는 유전자 연구로 많은 부분이 밝혀졌다. 근래의 연구에 의하면 인간의 피부 색깔은 후기 호모에렉투스 혹은 초기의 호모사피엔스 단계에 이미 현대인의 피부색 집단과 유사한 분포가 확정되었다는 것이다. 즉 호모에렉투스의 등장 이후 100만 년 이상에 걸친 지역 이동의 결과 지역에 따른 자외선 강도의 차이로 적어도 홍적세 중기에는 저·중·고위도 지방 집단의 피부색이 달라지기 시작했다는 것이다. 한마디로 상당히 오래전부터 각지의 선조들은 지역에 맞는 피부색을 갖고 있다는 뜻이다.

그런데 두 번째 질문에 관한 연구가 진행되면서 이런 해석은 궁지에 몰렸다. 그동안 정설로 인식되던 '각지에서 자체적으로 피부색이 변했다'는 설명에 이의가 제기된 것이다. 미국 HAIB HudsonAlpha Institute for Biotechnology 연구소의 세라 티시코프Sarah Tishkoff 박사는 흑인에게 피부색을 변화시키는 유전자가 있다고 발표했다.

아프리카에는 남수단의 진흙색 피부부터 남아프리카공화국의 베이지색 피부에 이르기까지 다양한 피부색이 존재한다. HAIB는 이처럼 피부색이 다양해진 원인을 유전자를 통해 추적했다. 그리고 50~200만 년 전 플라이오세에 아프리카에 살았던 것으로 추정되는 오스트랄로피테신australopithecine 원인의 화석에서 흑인 피부색과 대비되는 밝은색 피부의 유전자 흔적을 발견했다.

티시코프 박사는 오스트랄로피테신에게 두터운 털가죽이 있었다면 자외선을 차단하기 위한 검은 피부가 필요하지 않았을 것이라고 설명했다. 티시코프 박사는 더불어 아프리카의 거주민들이 어떤 과정을 통해 세계로 퍼져나갔으며, 아프리카에서 유럽과 아시아로 퍼져나갔으며 어떻게 피부색이 밝아졌는지 추적해

나갔다. 일부 학자는 6,000년 전부터 유럽 지역에 백인이 퍼져나
간 것은 탈脫색소 유전자 SLC24A5 때문이라고 주장했는데, 티시
코프 박사는 이에 의문을 품었다.

　　티시코프 박사는 에티오피아·탄자니아·보츠와나에 거주
하는 2,092명의 피부색을 광량이나 반사광을 측정하는 장치인 라
이트 미터light meter로 측정했다. 측정 결과 나일로−사하라어를 사
용하는 동부 아프리카 거주민의 피부가 가장 검었다. 반면 남아
프리카 산San족의 피부는 매우 밝았다.

　　티시코프 박사는 이들의 혈액을 채집해 DNA 속의 SNPs
Single Nucleotide Polymorphisms(단일염기다형성)를 분석했다. 그리고
400만 개가 넘는 분석 결과 피부색과 관련이 있는 SNPs가 존재
한다는 사실을 발견했다. 더욱 놀라운 것은 유럽인에게 있는 탈
색소 유전자 SLC24A5가 에티오피아인에게도 있다는 점이다. 이
런 변화는 약 3만 년 전에 일어났는데, 티시코프 박사는 중동부
아프리카에서 이주해온 사람들에게서 이 유전자가 전파되었다고
추정했다. 그런데 SLC24A5 유전자가 있음에도 피부가 희지 않은
사람들이 있었다. 이것은 어떤 특별한 유전자가 피부색 변화를
막고 있다는 것을 의미한다. 다양한 연구를 시도한 결과 HERC2
와 OCA2라는 유전자가 있음을 발견했다. 이들 유전자가 아프리
카인의 피부·눈·머리 색상을 검은 색으로 만든 것이다. 산족

의 피부가 검지 않은 것은 이들이 변종 유전자를 갖고 있기 때문이다.

티시코프 박사는 흑갈색을 띠는 유멜라닌eumelanin을 생성하는 돌연변이 유전자 MFSD12에 주목했다. 이들은 피부·머리·눈 색깔에 큰 영향을 미친다. 티시코프 박사는 50만 년 이전에는 아프리카 지역에 연한 흑색 피부를 지닌 주민이 다수 거주하고 있었다고 주장했다. 그러나 MFSD12 유전자로 인해 피부색이 진하게 변화했으며, 이로 인해 지금과 같은 진흙색 피부의 아프리카인이 크게 퍼져나갔다는 것이다. 이런 현상은 멜라네시아인, 호주 원주민, 일부 인도인들에게서도 발견된다. 티시코프 박사는 이들이 아프리카 이주민의 후손이므로 MFSD12의 영향을 받았다고 주장했다.

티시코프 박사는 MFSD12 돌연변이 유전자가 피부색을 변화시켰다는 것을 증명하기 위해 동물 실험을 실시했다. 실험 결과 쥐의 노란색과 연한 갈색 피부가 사라지고 짙은 회색으로 변했다. 이 연구 결과가 큰 충격을 준 것은 그동안 정설로 인식되어 온 아프리카 인류 기원설 등 인류 이주에 대한 통설에 문제점을 제기했기 때문이다.

아프리카 인류 기원설에 따르면 인류의 선조는 아프리카에서 태어난 후 100~150만 년 전 아프리카를 탈출해 각지에서 정착

해 현 인류가 되었다. 아프리카 여성 한 명이 현 인류 전체의 선조
가 되었다는 주장도 있으나, 티시코프 박사의 설명은 이런 가설에
문제점을 제시한다.

한국인은 네안데르탈인의
후손

네안데르탈인과 크로마뇽인

인류의 선조에 대해서는 아직도 확실하지 않은 점이 많다. 유럽 학자들은 대체로 네안데르탈인(호모사피엔스)이 먼저 등장하고 이후 크로마뇽인(호모사피엔스사피엔스)이 대체해 현생인류가 되었다고 주장한다. 그렇다면 왜 네안데르탈인이 사라지고 크로마뇽인이 나타났을까?

그동안 네안데르탈인이 크로마뇽인보다 먼저 나타났으므

로, 크로마뇽인이 네안데르탈인을 이어서 나타난 인류 선조라고 해석해왔다. 그런데 네안데르탈인과 크로마뇽인의 연계를 부정하는 의견이 상당했다. 인류가 네안데르탈인 같은 야만적인 종에서 진화했다는 데 거부감을 느낀 것이다. 이런 생각은 서양 학자들에게 고정관념처럼 박혀 있었다. 그런데 연구가 계속되면서 네안데르탈인과 크로마뇽이 동시대에 살았다는 것이 밝혀졌고, 이들과 현생인류의 관계를 정리할 필요가 생겼다.

이언 태터솔Ian Tattersall은 1996년 『마지막 네안데르탈인The Last Neanderthal』에서 이 의문을 3가지로 정리했다. 첫째는 어디서 왔는지 모르지만 자신의 종족보다 훨씬 좋은 혈통을 가진 '침입자'들 가운데 한 명과 짝을 이루어 자식을 낳은 것이다. 크로마뇽인과 네안데르탈인이 공존했을 수도 있다. 둘째는 크로마뇽인이라 불리는 일단의 침입자가 네안데르탈인을 완전히 멸종시키고 크로마뇽인이 현대인의 선조가 되었다는 것이다. 셋째는 크로마뇽인과 네안데르탈인의 공존하지만 두 종 간의 직접적인 교배는 이루어지지 않았다는 것이다. 양쪽 모두 먹을 것이 충분했으므로 싸울 일이 없다는 설명이다. 어느 것이 맞든지 간에 네안데르탈인은 크로마뇽인에 비해 지능이 낮고 수명이 짧아서 많은 자손을 남기지 못하고 멸망에 이르렀다. 일반적으로 네안데르탈인은 3만 5,000년경에 소멸한 것으로 추정한다.

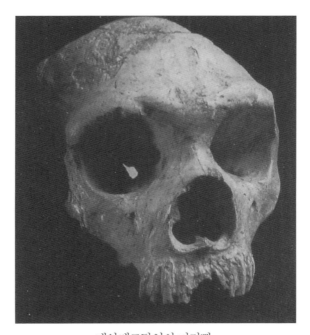

네안데르탈인의 머리뼈.

네안데르탈인은 10만~3만 5,000년 전쯤에 지중해 연안 등
유럽 지역에 퍼져 살았으며 중동 · 북아프리카 · 아시아에서도
화석이 발견되었다. 1856년 독일 뒤셀도르프 근처의 네안더 계곡에서
처음 화석이 발견되어 네안데르탈인이라는 이름이 붙여졌다.

크로마뇽인의 머리뼈.
크로마뇽인은 약 3만 5,000~1만 년 전에 출현했다.
경쟁 결과 네안데르탈인을 대체한 것으로 알려졌으나,
두 종이 공존했을 가능성도 대두되고 있다.

두 종이 같은 자원을 가지고 경쟁하면 세월이 지나면서 열등한 종이 밀려나게 마련이다. 네안데르탈인은 유아 사망율이 높고 부상을 많이 당했으며 평균 수명도 짧았다. 그러나 크로마뇽인은 수명이 비교적 길어 노인이 아이를 돌볼 수 있었고 경험과 지식을 물려줄 수도 있었다. 크로마뇽인이 네안데르탈인에 비해 생존조건이 좋았으므로 네안데르탈인을 대체했다는 데 공감하지만 신체적으로 월등하고 거의 20만 년 이상 유럽을 지배한 네안데르탈인이 크로마뇽인에게 밀려났다는 것은 납득하기 어렵다.

대체론과 연속론

네안데르탈인과 크로마뇽인의 관계는 크게 2가지로 압축할 수 있다. 첫째는 크로마뇽인이 네안데르탈인을 멸종시키고 대체했다는 것이고, 둘째는 네안데르탈인과 크로마뇽인이 어떠한 경우로든 연계되었다는 것이다. 네안데르탈인이 멸종해 크로마뇽인으로 대체되었다는 가설을 대체론이라고 부르며 크로마뇽인과 네안데르탈인의 이종교배로 네안데르탈인이 유전적으로 현대에 이어지고 있다는 주장이 연속론이다.

독일의 막스플랑크진화인류학연구소 연구진은 크로아티아

에서 발견된 3만 8,000년 전 네안데르탈인의 뼈에서 채취한 유전물질을 토대로 미토콘드리아 DNA 염기 서열 지도를 작성했다. 이 결과에 의하면 네안데르탈인과 현생인류의 미토콘드리아 DNA는 상당히 다르다. 연구진은 캅카스와 서유럽 지역에서 일부 제한적, 소규모 상호 교배가 이루어졌을 가능성을 완전히 배제할 수는 없지만, 연구 결과만 보면 두 종이 교배했을 가능성은 극히 적다고 설명했다.

그러나 대체론의 주장을 면밀하게 분석한 학자들은 막스플랑크진화인류학연구소 연구진의 주장에 문제가 있다는 것을 발견했다. 대체론의 가장 큰 문제점은, 유럽과 서아시아를 20만 년 이상 지배했던 네안데르탈인이 매우 빠르게 크로마뇽인으로 대체된 이유를 설명하지 못한다는 점이다.

1998년 말 포르투갈 파티마 부근에서 석기와 불을 때고 남은 숯과 함께 2만 5,000년 전의 것으로 추정되는 4세 가량의 아이의 유골이 발견되면서 연속론과 대체론의 논쟁은 더욱 가열되었다. 소년의 몸은 붉은 산화철로 물들어 있었고 목에는 장신구로 보이는 구멍 뚫린 조개껍데기가 놓여 있었다. 무덤 양식은 동시대 중·동부 유럽의 다른 무덤과 흡사했다.

네안데르탈인 전문가인 워싱턴대학 에릭 트링카우스Erik Trinkaus 교수는 소년의 유골을 감식한 후 이 골격이 크로마뇽인과 유사한 점이 많지만, 추위에 적응하느라 사지가 짧아지고 뼈대가 굵어지는 등 네안데르탈인의 대표적인 특성이 있다고 결론을 내렸다. 트링카우스 교수는 "네안데르탈인과 크로마뇽인이 섞였다고 밖에는 설명할 수 없다"고 발혔다. 트링카우스 교수의 발표는 열띤 논쟁을 불러일으켰다. 현재의 인류가 네안데르탈인과 크로마뇽인의 잡종일 가능성이 높아지기 때문이다.

오리냐크 문화aurignacian culture의 발견은 네안데르탈인이 현생인류로 진화했을 가능성이 크다는 주장을 뒷받침한다. 오리냐크 문화는 약 2만 8,000~4만 2,000년 전의 문화로, 프랑스 오리냐크 지역의 이름을 따서 명명한 것이다.

전형적인 크로마뇽인 유적인 오리냐크 도구가 만들어진 때보다 약 1만 년 전에 제작된 네안데르탈인의 유적 중에 오리냐크 도구와 유사한 것들이 보인다. 네안데르탈인은 생각만큼 무지하지 않았으며, 크로마뇽인과 관계가 있었을 것이라고 추측할 수 있다. 프랑스 고고학자 장필립 리고Jean-Philippe Rigaud 박사는 오리냐크 문화가 퍼지기 전 프랑스 남서부에 살던 네안데르탈인도 크로마뇽인의 기술 수준에 도달했다고 주장했다. 현생인류의 특성으로 꼽히는 사고력이 네안데르탈인과 그 이전 호모 속屬에 속하는 인류의 직계 조상들 때부터 진화하기 시작했을 가능성이 있다는 뜻이다.

오리냐크 문화의 대표적인 유적인
프랑스 라스코 동굴Lascaux caves의 벽화.

2006년 과학자들은 1993년 벨기에의 동굴에서 발견된 네안데르탈인 화석의 이빨 근조직에 남아 있는 미토콘드리아에서 분리한 DNA 염기 서열 분석 결과를 발표했다. 이들은 DNA 분석을 근거로 네안데르탈인과 크로마뇽인 간에 근친교배가 일어난 것으로 추정된다고 설명했다. 네안데르탈인의 신체적인 특징이 크로마뇽인의 특징으로 교체되었다는 것이다. 학자들은 근친교배로 네안데르탈인은 현생인류인 호모사피엔스사피엔스의 아종亞種(Homo sapiens neanderthalensis라고 불림)으로 변해 지배 세력에서 밀려났다고 주장했다. 현재 유럽인은 이 아종으로 변한 네안데르탈인의 유전자를 공유하고 있다는 것이다.

네안데르탈인과 한민족

한민족은 유럽과 시베리아 남부에 흩어져 살았던 네안데르탈인과 혼혈일지 모른다. 이런 주장 역시 유전자분석 기법 때문에 제기되었다. 근래 현생인류의 조상인 크로마뇽인의 유전자 외에 네안데르탈인의 유전자도 아시아인과 백인에게서 발견되었다.

움살라대학 의대에서 미라의 유전자를 세계 최초로 분석해 명성을 얻은 후 막스플랑크진화인류학연구소로 자리를 옮긴 스반테 페보Svante Paabo 박사는 2006년 네안데르탈인의 DNA 일부 분석 결과를 발표했다. 페보 박사는 이후 네안데르탈인의 유전자를 중국·프랑스·파푸아뉴기니·아프리카인의 유전자와 비교 분석했다. 4만여 년 전 살았던 네안데르탈인의 유전자와 비교 분석한 결과 현생 유라시아인의 유전자 중 4퍼센트는 네안데르탈인에게서, 남태평양 멜라네시아인의 유전자 중 4~6퍼센트는 데니소바인Denisovan에게서 유래했다는 것이다. 데니소바인은 2008년 시베리아 남부 데니소바 동굴에서 발견된 호모속의 별개 종이다.

페보 박사는 인체 면역 시스템의 핵심 요소이면서 변이가 심한 HLA(인간 백혈구) 유전자 분포를 주로 분석했다. 분석 결과 네안데르탈인과 데니소바인이 갖고 있던 HLA-B13이라는 변이 유전자는 아프리카인에게는 거의 나타나지 않았지만 서아시아인에게는 높은 빈도로 나타났다. 또 네안데르탈인과 데니소바인이 갖고 있던 HLA-A 변이 유전자는 현재 파푸아뉴기니인의 95.3퍼센트, 일본인의 80.7퍼센트, 중국인의 72.2퍼센트, 유럽인의 51.7퍼센트, 아프리카인의 6.7퍼센트에서 관찰되었다. 일본인과 중국인에게 70퍼센트 이상이라는 것은, 한국인에게도 이 유전자가 비슷한 비율로 있을 수 있다는 것을 의미한다.

페보 박사는 중동에 있던 현생인류가 이미 정착해 있던 네안데르탈인과 섞인 뒤 전 세계로 흩어져 지금의 아시아인과 유럽인,

멜라네시아인이 되었다고 주장했다. 중동에서 네안데르탈인을 만났던 현생인류는 동남아시아와 중국 남부 해안선을 따라 한반도까지 진출했을 것이다. 이 연구에 따르면 현생인류는 순수 혈통을 지켜온 게 아니라, 전 세계에 퍼져 살던 다른 인류와 유전자를 나누면서 진화해온 것이다.

또한 페보 박사는 현대 아프리카인이 다른 대륙 주민보다 유전적 다양성이 훨씬 풍부하다는 점을 들어 아프리카에 남아 있던 현생인류도 네안데르탈인은 아니지만 다른 호모속 종과 교잡했을 것으로 추정했다. 한국생명공학연구원의 박홍석 박사는 네안데르탈인과 교잡해 후손이 생겨났다는 것은, 네안데르탈인과 현생인류가 별개 종이라기보다는 아종亞種 수준으로 연관이 높다는 것을 알려준다고 말했다.

chapter 3

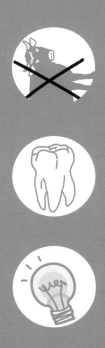

일상을 움직이는 과학

위험한 불소를
수돗물에 넣는 이유

사람의 몸을 구성하는 성분들

인간의 신체는 어떤 물질로 구성되어 있을까? 특별한 요소가 있을 듯하지만, 사실 탄소·수소·산소·질소 위주로 이루어져 있다. 이 4가지 원소가 신체의 90퍼센트 이상을 차지한다. 다섯 번째 원소는 황이며 나머지는 칼슘·인·철·아연·나트륨 등의 무기염류(무기질)다. 피에는 나트륨(소금)이 들어 있다. 그래서 피의 맛을 보면 짭짜름하다. 피에는 철도 들어 있다. 철은 헤모글로

빈을 만드는 데 필수적인 성분으로, 철이 부족하면 산소 운반이 어려워진다. 뼈의 주성분으로 몸의 2퍼센트 정도를 차지하는 칼슘도 매우 중요하다. 혈액에 칼슘이 없으면 출혈이 생겨도 피가 응고가 되지 않는다.

이외에도 인체에는 구리·망가니즈·몰리브덴 등 수많은 원소가 있다. 이 원소들은 비록 소량이지만 필수적이다. 그런데 이런 원소들은 개개인이 제대로 챙기기 힘들기 때문에 도시나 국가 차원에서 제공하자는 아이디어가 나오곤 한다. 대표적인 것이 불소(플루오린)다.

위험하고 미스터리한 불소

불소는 매우 오래전부터 알려져왔다. 원소 자체는 16세기부터 알려졌는데 1670년 뉘른베르크의 하인리히 슈반하르트Heinrich Schwanhard가 형석으로 만든 그릇에 진한 황산을 부었더니 기체가 나오면서 그릇을 침식했다. 1771년에는 칼 빌헬름 셸레Carl Wilhelm Scheele가 플루오린화수소를 만들었고 앙드레마리 앙페르 André-Marie Ampére는 염산과 플루오린화수소산이 비슷하지만 서로 다른 것임을 밝혀냈다.

불소의 화학기호 F는 라틴어로 '흐른다fluo'에서 유래한 것으로, 중세 야금공들이 광석을 녹이는 데 형석을 사용했기 때문이다. 불소와 불소 화합물은 빙정석氷晶石에서도 채취할 수 있는데 빙정석은 그린란드에서 얼음덩어리 모양으로 산출된다. 빙정석이라는 이름도 이 때문에 붙은 것이다. 불소는 지각의 약 0.065퍼센트를 차지하며 바닷물에는 12번째로 많이 함유된 원소다. 흙속에는 평균 200~270ppm이 존재하고 바닷물의 평균 불소 농도는 1.2~1.5ppm으로 알려져 있다.

자연계에서 불소는 유리遊離된 상태로만 존재하므로 순수한 불소를 분리하는 것은 매우 어렵다. 더구나 불소는 매우 유독하므로 순수한 불소를 얻으려다 중독되어 사망하기 십상이다. 이런 어려운 작업을 성공적으로 수행한 사람이 1906년 노벨상을 수상한 프랑스의 앙리 무아상Henri Moissan이다. 1886년, 무아상은 영하 23도로 냉각시킨 U자형의 백금 용기에 플루오린화수소를 넣고 전도성을 높이기 위해 플루오린화칼륨을 넣었다. 여기에 백금전극 대신 구리로 된 전극을 연결했더니 불소가 구리와 반응해 표면에 얇은 불소화물 막을 형성하며 산화를 방지해주었다. 음극에서는 수소가 생성되었고 양극에서는 불소가 생성되었다. 무아상은 1897년에는 영하 187도의 액체산소를 써서 액체불소를 만들었다. 또한 불소가 극히 낮은 온도에서도 활성이 강하다는 것을

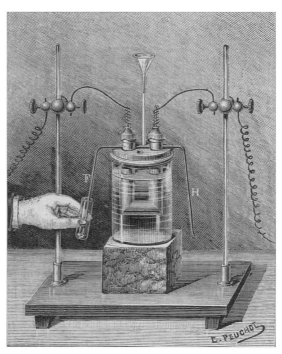

불소는 반응성이 매우 큰 원소로, 순수한 불소를 얻는 것은 쉽지 않다.
16세기 경 알려진 불소를 분리해낸 것은 20세기가 다 되어서였다.
그림은 무아상의 불소 분리 방법 스케치.

발견했다. 불소는 영하 252도에서도 수소와 폭발적으로 반응했다. 1903년에는 고체 불소를 얻는 데 성공했다.

불소의 충치 예방

충치가 생기는 이유는 음식물이 입안에 들어오면 입속에 사는 충치균이 탄수화물을 이용해 산을 만들기 때문이다. 특히 포도당과 설탕은 세균이 바로 이용할 수 있어서 산이 잘 만들어진다. 세균은 우리가 먹은 당질을 접착성 다당류로 만들어 치아 표면에 부착시킨다. 이 다당류가 소위 플라크plaque다. 플라크가 생기면 치아 표면의 법랑질이 서서히 떨어져나가며 이에 구멍이 생긴다. 이것이 바로 충치다.

불소 이온은 입속의 세균 증식을 억제하기 때문에 충치 예방에 도움이 된다. 그렇다면 언제부터 치약에 불소를 넣기 시작했을까? 20세기 초 미국의 치과 의사들은 아칸소주 주민의 치아 법랑질에 반점이 생기면서 이가 검어지는 것을 발견했다. 불소는 자극성이 강한 원소로 폐와 기관지를 자극하며 손톱·발톱 등도 빠지게 하는데, 음식에 조금만 들어 있어도 이가 검게 변한다. 조사 결과 이 지역의 물에 예상보다 많은 불소가 포함되어 있었다.

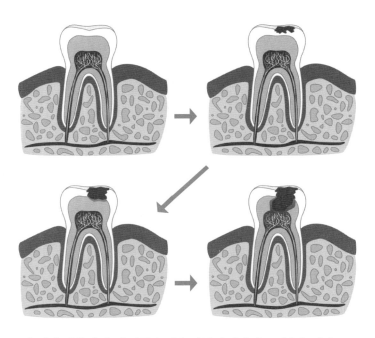

 충치의 진행 과정. 충치균은 산을 만들어 치아의 표면을 녹인다.
불소는 세균의 증식을 효율적으로 막아주고 법랑질을 강화해준다.

한편 물에 평균 이상의 불소가 함유된 다른 지역은 충치 발생이 현저히 적다는 것을 발견했다. 연구자들은 충치 발생 저하가 불소로 인한 것일 수 있다는 데 집중했다. 곧 많은 학자가 불소를 연구하기 시작했고, 불소의 특징들이 밝혀졌다. 불소는 사람을 비롯한 동물에게 반드시 필요한 원소이며, 섭취량이 부족하면 이의 법랑질이 손상된다. 다량의 불소는 치명적이지만, 소량은 오히려 약이 된다. 학자들은 마시는 물에 불소를 1ppm 정도 첨가하면 충치 예방에 도움이 된다는 것을 알아냈다. 이것이 수돗물에 불소를 첨가하게 된 이유다. 거의 모든 치약에 불소가 들어가는 것도, 적당량의 불소는 이를 튼튼하게 해주고 충치 예방에 도움이 되기 때문이다.

불소를 사용해 충치를 예방하는 메커니즘은 다음과 같다. 첫째, 입안에 들어온 불소 이온이 이에 작용해 산에 미세하게 손상된 상아질을 회복시켜준다. 둘째, 입안에 들어온 불소 이온은 위장에서 흡수되고 혈액을 통해 턱뼈 안에서 만들어지는 상아질과 결합해 산에 강한 상아질을 만든다. 셋째, 불소 이온은 충치가 시작되지 못하도록 막으며 세균 증식을 억제한다.

불소의 효과가 증명되자 수돗물에 낮은 농도(0.8ppm 이하)의 불소화합물을 넣자는 캠페인이 일어났다. 미국에서는 1945년부터 상수원에 불소를 넣기 시작했다. 불소의 효과는 생각보다 빨리 검증되었다. 미국은 1966년도에는 12세 어린이의 충치 지수가 4.0이었으나, 수돗물에 불소를 넣으면서 1994년에는 1.3으로 68퍼센트가 감소했다. 그러나 불소를 상수원에 넣어도 되는지에 대해서는 논란이 끊이지 않는다.

치약에 진짜 불소가 들어 있을까?

불소치약은 치아 건강에 빼놓을 수 없는 요소다. 하지만 엄밀한 의미에서 불소는 화학반응을 가장 강하게 일으키는 원소 중 하나로, 치약에 넣을 수 없다. 만약 진짜 불소를 이에 바른다면 이가 남아날 리 없다.

그렇다면 대체 불소치약이 무엇일까? 한마디로 불소가 아니라 불소화물fluoride이 들어 있는 치약이다. 원소 이름 뒤에 '화化'가 붙은 것은, 화학반응으로 성질이 변했다는 의미다. 치약에는 플루오린화나트륨NaF, 플루오린화아민NH_2F, 플루오린화주석SnF_2과 같은 불소의 염기성 화합물이 들어 있다.

치약에 포함된 불소화물은 약화된 법랑질을 강화시켜준다. 이러한 작용을 재再미네랄화라 한다. 구강 위생이 좋지 않을 때, 특히 단것을 먹고 나면 수산화인회석$Ca_5(PO_4)OH$이 분해된다. 이를 탈脫미네랄화라고 하는데, 이때 플루오린화인회석$Ca_5(PO_4)F$이 법랑질을 강화해준다. 다시 말하면, 법랑질은 탈미네랄화 과정(수산화인회석의 해체)과 재미네랄화 과정(플루오린화인회석의 형성)을 거친다는 뜻이다. 법랑질의 분해(탈미네랄화)가 순반응이고 법랑질이 다시 형성되는 것(재미네랄화)은 역반응이다. 따라서 탈미네랄화가 우세하면 법랑질이 분해되고 충치가 생길 위험이 높아진다. 반면에 재미네랄화가 우세하면 이의 건강은 유지된다.

치석은 박테리아가 번식할 기회가 있는지 없는지에 좌우되는데, 박테리아가 번식할 환경이 조성되면 양분을 많이 섭취한 박테리아가 산을 점점 더 많이 배출하기 때문이다. 이 산이 법랑질의 수산화인회석을 공격해 분해하는데, 박테리아는 단것을 좋아한다. 그래서 단것을 많이 먹으면 이가 나빠진다고 하는 것이다.

불소는 치약뿐만 아니라 많은 분야에 활용된다. 음식이 타지 않는 프라이팬, 공기는 통하고 습기는 막아주는 고어텍스, 오존층 파괴 때문에 사용이 금지되었으나 에어컨이나 냉장고 냉매로 오랫동안 사용된 프레온 등이 모두 불소를 활용한 것이다. 불소로 1906년 노벨상을 탄 무아상은 자신이 발견한 불소가 이렇게 널리 사용될 것은 예상하지 못했을 것이다. 그는 노벨상을 받은 다음 해에 사망했기 때문이다.

숯불에 구운 고기를
먹으면 안 될까?

'불고기'와 '코리안 바비큐'의 차이

프랑스 파리에 출장 갔을 때다. 오래전부터 찾았던 한국 식당에
갔더니 주인이 울상이다. 식당의 간판 메뉴인 불고기 주문이 딱
끊겼는데 이유를 모르겠다는 것이다. 불고기 맛이 바뀐 것도 아
닌데 추천해도 손님이 극구 사절한다고 한다. 식당에서 바뀐 것
이 무엇이냐고 묻자 메뉴판이 오래되어서 바꾼 것 밖에 없다며
메뉴판을 보여준다. 외국인이 많이 오므로 몇 가지 메뉴 이름을

고기를 양념해 불에 굽는 불고기는
전 세계에서 사랑받는 한식 중 하나다. 하지만 불에 직접 굽는 요리는
발암물질이 나올 수 있기 때문에 주의해야 한다.

영어로 바꾸었는데 불고기를 코리안 바비큐korean barbecue라고 적었다고 했다. 이것이 원인이었다. 외국인들은 바비큐라고 하면 발암물질이 많은 숯불 구이로 생각한다.

불고기를 두고 이런 오해가 일어난 것은 PAHsPolycyclic Aromatic Hydrocarbon(다환방향족탄화수소) 때문이다. PAHs는 독성이 있는 것이 많은데, 특히 벤조피렌 등은 국제암연구소IARC에서 규정한 1급 발암물질이다. 벤조피렌이 유명한 것은 유기체에서 화학적 전환을 거쳐 DNA와 지속적으로 결합하기 때문이다. 이러한 결합이 세포분열을 방해해 암을 유발한다.

PAHs는 불완전연소 또는 열분해 과정에서 생긴다. 높은 온도 때문에 PAHs를 이루는 탄소 원자와 수소 원자가 자체적으로 결합해 이산화탄소나 물이 아닌 더욱 큰 분자를 만들기 때문이다. 벤조피렌은 잔류 기간이 길고 독성이 강해 섭취하면 소화기관에 염증을 일으키고 호흡기관을 자극한다. 짧은 시간 많이 노출되면 적혈구가 파괴되어 빈혈을 일으키고, 장기적으로는 면역력이 저하된다. 특히 장기간 흡입하는 경우 폐암을 비롯한 각종 암을 유발한다.

벤조피렌이 발암물질이라는 사실은 오래전부터 알려졌다. 코크스를 만들 때 석탄에서 부산물로 타르가 나온다. 100여 년 전인 1915년 일본에서 석탄 타르를 토끼 귀에 칠해 인공적으로 암을 일으켰다. 타르에는 PAHs 화합물이 많이 들어 있다. 도로 건설에 널리 쓰였던 타르가 사용 금지된 것은 이 때문이다.

문제는 PAHs가 유기물이 연소하는 곳이라면 어디서나 배출될 수 있다는 점이다. 즉 석탄·목재·기름을 태울 때 발생하기 때문에 여러 산업 분야에서 발생한다. PAHs는 바비큐나 담배 연기에도 있다. 담배 연기에 PAHs가 있기 때문에 담배를 피우지 않는 사람도 연기를 맡는 것만으로도 암에 걸릴 수 있다.

고기를 구울 때 생기는 벤조피렌

PAHs는 고기를 구울 때도 나온다. 특히 그릴을 사용하는 바비큐가 공격받는 것은 벤조피렌이 주로 유기물(고기의 지방질)이 불에 탈 때 생기기 때문이다. 벤조피렌은 탄화수소·아미노산·전분·지방산 등을 600도 이상으로 가열할 때 생성된다. 숯불로 구우면 고기의 지방질이 열에 녹아, 달아오른 숯이나 불에 떨어지는데 이 과정에서 생기는 벤조피렌이 증기와 연기에 스며들어 고기에 축적된다.

벤조피렌 강력한 발암물질이지만 사람마다 위험도가 다르기 때문에 무조건 구이를 먹지 말라고 강요할 수는 없다. 벤조피

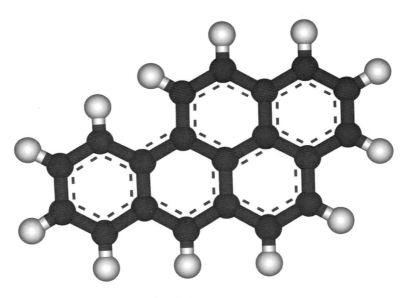

벤조피렌의 화학구조.
벤조피렌은 1급 발암물질로, 식품에서 발견되어
사회적 논란이 되기도 한다. 담배에도 많이 들어 있다.

렌은 주로 단백질과 지방이 많이 함유된 육류나 생선이 탈 때 발생한다. 그러므로 고기는 구워 먹기보다는 삶아 먹는 것이 좋다. 고기를 구워 먹더라도 몇 가지 주의하면 벤조피렌 발생을 현저하게 줄일 수 있다.

대구시 보건환경연구원이 참숯불·성형탄·가스 불·팬 등을 이용해 삼겹살을 구운 결과 성형탄 숯불로 구웠을 때 평균 10ppb, 참숯불로 구웠을 때 19.9ppb 등 숯불로 구웠을 때 벤조피렌이 많이 발생했다. 반면 가스 불을 사용했을 때는 0.29ppb, 팬으로 구웠을 때는 0.19ppb 이하였다.

고기를 구울 때 가장 주의할 것은, 연기가 고기에 직접 닿지 않도록 하는 것이다. 숯을 사용할 때는 잘 구워진 숯을 쓰고, 그릴 위에 알루미늄 포일이나 접시를 까는 것은 좋다. 이렇게 하면 고기의 지방질이 숯에 곧바로 떨어지지 않기 때문이다. 환기도 꼭 해야 한다.

통닭을 구울 때 사용하는 간접적인 그릴 방식도 추천한다. 측면에서 열을 방출하는 그릴을 이용해, 기름은 바닥으로 떨어지도록 하는 것이다. 간접적인 그릴 방법이 불가능한 경우에 판을 먼저 구운 다음 달아오른 판 위에 고기를 굽는 것도 방법이다.

숯불에 직접 고기를 구워야 맛이 있다는 사람도 있지만, 벤조피렌은 조심해야 한다. 한국소비자원은 구운 고기의 벤조피렌

함유량이 0.9ppb지만, 검게 태운 구운 고기에서는 2.6~ 11.2ppb이 나온다고 한다. 상황에 따라 10배도 넘는 벤조피렌이 나오는 것이다. 또한 생선을 가스 불로 태우면 0.01~0.75ppb의 벤조피렌이 발생하는데 알루미늄 포일로 싸서 태우면 벤조피렌이 생성되지 않는다고 한다. 아무리 주의를 해도 탄 부위가 생기기 마련이므로 불에 탄 부위는 잘라내고 먹는 것이 좋다. 하지만 탄 부위를 잘라낸다고 벤조피렌이 완벽하게 사라지는 것은 아니다. 생성된 벤조피렌이 기름을 타고 고기 전체에 번지기 때문이다. 그러나 새까맣게 탄 부분을 먹는 것보다는 낫다.

PAHs는 타이어의 연성재로 사용될 뿐만 아니라 고무 손잡이나 해변용 고무 샌들, 시계 밴드 등에도 사용된다. 때문에 이런 물건을 장기간 사용하면 PAHs가 피부에 스며들 수 있다. 물론 현재 각국에서 PAHs가 함유된 제품을 검사하고 유통을 관리하고 있지만, 주의해서 나쁠 일은 없다. 벤조피렌은 강력한 발암물질이기 때문이다. 추후에 앞에서 말한 파리의 식당 주인에게 연락이 왔는데, 메뉴판에서 바비큐 항목을 뺐더니 외국인들이 다시 불고기를 주문했다고 한다.

막걸리와
와인의 차이

최초의 술과 발효

알코올처럼 인간에게 친근한 물질은 없을 것이다. 사람들은 기쁠 때나 슬플 때에 술을 마신다. 최초로 술을 빚은 동물은 인간이 아니라 원숭이라고 한다. 원숭이가 나중에 먹기 위해 움푹 파인 바위 틈새나 나무 구멍에 과일을 감추어두고, 그만 어디에 저장해두었는지 잊어버렸다. 시일이 지나 과일이 자연적으로 발효되어 인간이 먹게 되었는데 그동안 먹어보았던 것과 달랐던 것이다.

이 술이 유명한 원숭이술遠酒이다.

이후 인간은 인공적으로 술을 만들기 위해 노력했다. 농경 시대에 들어와 정기적으로 곡물 생산이 가능해지자 곡주가 태어났다. 곡주가 태어나자 청주나 맥주 같은 곡류 양조주가 등장했고, 소주와 위스키 같은 증류주는 가장 늦게 개발되었다. 하지만 알코올이 어떤 원리로 만들어지는지를 파악하게 된 것은 놀랍게도 근대의 일이다. 알코올이나 식초의 발효가 미생물 효모 때문에 일어난다는 사실을 인간이 인식한 것은 얼마 되지 않는다.

효모는 자낭균 무리에 속하는 미생물로 효모균, 뜸팡이, 발효균, 이스트yeast라고도 불린다. 곰팡이나 버섯 무리와 함께 진균류에 속하며, 균사가 없고 엽록소가 없으므로 광합성 기능도 없고 운동성도 없는 8미크론 정도의 원형 또는 타원형의 단세포 생물이다.

포도 등의 과실을 오래 보관하면 알코올 냄새가 난다. 야생 효모가 포도의 당분을 발효시켜 알코올로 변하기 때문이다. 시간이 더 지나면 식초 냄새가 나는데, 초산 박테리아가 알코올을 다시 변화시켜 식초와 같은 아세트산으로 변하기 때문이다.

1837년 독일의 테오도어 슈반Theodor Schwann은 알코올 발효 중에 당을 에탄올과 탄산가스로 전환시키는, 현미경으로만 볼 수 있는 작은 생명체(효모)가 존재한다는 것을 발견하고 알코올 발효

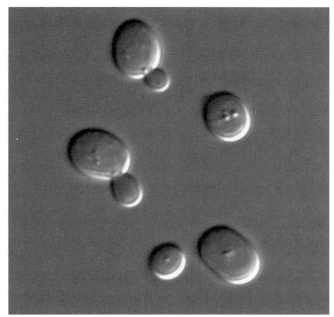

효모는 단세포 균류菌類로,
빵·맥주·포도주 등을 만드는 데 활용된다. 효모는 무성생식을 하며
작은 혹이 모세포에서 분리되는 식으로 늘어난다.

포도를 짓이겨 발효시키는 모습.
포도주는 포도 껍질에 사는 발효 미생물을 이용해
직접 발효시키는 단발효주다.

는 이 작은 생명체에 의해 일어나는 생리 현상이라는 연구 결과를 발표했다.

루이 파스퇴르Louis Pasteur도 포도주 양조 과정에서 포도주가 산패酸敗하는 원인을 규명하기 위해 발효액을 조사하던 중 효모 외에도 더 작은 생물, 즉 산을 생성하는 세균이 있는데 산패는 이 세균에 기인한다는 것을 발견했다. 모든 발효는 미생물의 생리 활동이라는 것이다. 파스퇴르는 곧바로 '특정 유형의 발효는 각각 특정 미생물에 의해 매개되는 반응'이라고 발표했다. 즉 알코올 발효는 효모에 의해, 젖산은 젖산균에 의해 생성된다는 것이다.

에두아르트 부흐너Eduard Buchner는 효모가 당분을 알코올과 이산화탄소로 분해하는 복합적인 발효를 일으킨다는 것을 밝혀 냈다. 그는 효모 세포를 모래로 으깨 유동액을 얻은 후 설탕 용액을 첨가했다. 이는 당시 부엌에서 식품이 상하는 것을 방지하기 위해 흔히 사용하던 방법이다. 부흐너는 이 용액에서 새로 따라 놓은 맥주에서 발생하는 것과 같은 기포를 발견했다. 그 기체는 탄산가스였다. 이것이 바로 무세포 발효의 발견이다. 드디어 양조의 비밀을 알게 된 것이다. 부흐너는 이 연구로 1907년 노벨 화학상을 받았다.

효모와 누룩

알코올을 만드는 기본은 당분과 효모다. 보통 과실에는 당분이 있고 곡류에는 녹말로 불리는 전분질이 들어 있다. 과실의 당분은 아주 쉽게 효모에 의해 알코올로 발효될 수 있기 때문에 술을 제조할 때 과실즙을 그대로 발효 원료로 사용한다. 과실에 포함된 과당果糖과 같은 작은 크기의 당류가 알코올로 변화되어 술이 된다.

포도주는 포도 속에 있는 포도당과 과당 성분을 포도 표면에 서식하는 발효 미생물을 이용해 직접 발효시키므로 단발효주單醱酵酒라고 한다. 한국의 경우 과실을 발효시킨 술이 거의 없다. 술을 만들 과실이 거의 없기 때문이다. 그러므로 쌀 등 곡류로 발효주를 만들어야 한다. 문제는 곡류로 술을 빚기 위해서는 곡류의 전분을 당분으로 바꾸는 당화 과정이 필요하다는 것이다. 전분은 아밀로스amylose와 아밀로펙틴mylopectin으로 이루어져 있는데, 이 물질들은 포도당과 같은 작은 크기의 당류가 길게 사슬 형태를 이루고 있다. 사슬 구조가 끊어져 전분질이 단당류로 분해되면 알코올이 되는데 여기에 효모가 필요하다.

오늘날은 효모를 공장에서 생산하지만, 선조들은 당화용 효소로 누룩을 사용했다. 대기 중에는 많은 미생물이 있는데, 곡류에 친화력이 강한 아스페르길루스aspergillus, 리조프스rhizopus 같은

누룩

백곡

쑥누룩

양은곡

이화곡

연화곡

녹두곡

곡물은 전분으로 이루어져 있기 때문에 술을 만들려면
전분을 단당류로 바꾸어줄 필요가 있다.
선조들은 당화용 효소로 누룩을 이용했다.

곰팡이류와 칸디다candida, 사카로미세스saccharomyces 같은 효모가 누룩에 붙어 성장한다. 그 결과 아밀라아제amylase 등 당화 효소가 생성된다.

누룩을 제조하는 원리는 된장을 만들기 위해 메주를 띄우는 것과 같다. 메주는 콩의 단백질을 분해하기 위해 단백질 분해 효소를 이용한다. 누룩을 만드는 방법은 술을 만드는 데 사용할 곡류를 빻아 적당량의 물을 부어 반죽한 후 틀에 넣고 천으로 싸서 발로 디딘다. 이후 틀에서 뺀 누룩을 따뜻한 곳에 볏짚이나 말린 쑥 등을 덮어 일정 기간 놓아둔다. 중간에 몇 번 뒤집어주기만 하면 된다. 그러면 누룩 안에서 미생물이 번식한다. 누룩 속 미생물은 지역마다 다르다. 그래서 지역마다 술맛이 다른 것이다.

효모는 살아 있는 미생물이므로 살아서 활동할 때만 쓸모가 있다. 그런데 발효가 진행되면서 알코올 농도가 높아지면 효모는 높은 알코올 농도를 견디지 못하고 죽어버린다. 보통의 효모는 알코올 농도 18퍼센트 이상에서는 활성화되지 못한다. 그래서 일반 발효주는 알코올 농도가 18퍼센트를 넘지 못한다.

몸에 좋은 막걸리

막걸리는 탁주濁酒, 농주農酒, 재주滓酒, 회주灰酒라고도 부르며 문헌 상으로는 『양주방釀酒方』에 혼돈주混沌酒라는 이름으로 등장하지만, 매우 오래전부터 우리나라에서 제조되어왔다. 『삼국사기三國史記』, 『삼국유사三國遺事』 등의 문헌에 술을 뜻하는 말이 자주 등장하며 고려시대 문헌에는 막걸리를 뜻하는 것이 틀림없는 요례醪醴라는 말이 나오는 것으로 미루어 삼국시대 이전에 막걸리 또는 이와 비슷한 술을 빚는 방법이 알려졌을 것으로 보인다.

막걸리라는 이름은 '막(마구) 걸렀다' 또는 '함부로 걸렀다' 즉, '막되고 박한 술'을 뜻한다. 마구 거른 술은 빛깔이 뜨물처럼 희고 탁하다는 뜻에서 탁배기, 일반 가정에서 담그는 술이라는 뜻 의 가주家酒, 술 빛깔이 우유처럼 희다고 해 백주白酒라고도 부른다.

막걸리는 술이면서 건강식품으로도 잘 알려져 있다. 신라대 학교 배송자 교수는 막걸리가 암 예방과 암세포 증식 억제, 간 손 상 치료, 갱년기 장애 해소 등에 탁월한 효과가 있다고 발표했다. 막걸리에는 인체의 조직 합성에 기여하는 라이신lysine과 간 질환 을 예방하는 메티오닌methionine이라는 물질이 있다. 간 손상을 일 으킨 쥐에게 막걸리 농축액을 투여한 결과 혈중 콜레스테롤이 낮 아지고, 혈중 중성지방도 정상치에 가깝게 나타났다.

 전통적인 방식으로
막걸리를 빚는 모습을 재현한 현장.

막걸리는 거친 체로 거르기 때문에 소화되지 않는 원료 성분과 발효 과정에서 증식한 효모가 포함되어 있다. 분당서울대병원 이동호 교수는 막걸리를 마시는 것은 영양제를 먹는 것과 다름없다고 말했다. 막걸리의 성분은 물 80퍼센트, 식이섬유 10퍼센트이며 단백질 2퍼센트, 탄수화물 0.8퍼센트, 지방 0.1퍼센트, 알코올 6~7퍼센트 등이다.

막걸리 1밀리리터에 든 유산균은 10^6~10^8개다. 700~800밀리리터인 막걸리 한 병에는 700~800억 개의 유산균이 들어 있다. 유산균은 장에서 유해 세균을 파괴하고 면역력을 강화한다고 잘 알려져 있다. 막걸리 200밀리리터에는 리보플래빈(비타민 B_2)이 약 68마이크로그램, 콜린(비타민 B 복합체)이 약 44마이크로그램, 나이아신(비타민 B_3)이 50마이크로그램 들어 있다. 비타민 B군은 특히 피로 완화와 피부 재생, 시력 증진 효과를 낸다. 식이섬유가 10퍼센트나 되는 것도 큰 장점이다. 식이섬유는 대장 운동을 활발하게 해 변비를 예방하는 것은 물론 심혈관 질환도 예방해준다. 살아 있는 효모와 유산균은 장내 유해 미생물의 번식을 억제하는 정장제로도 작용한다. 노인들이 소화가 잘 되지 않을 때 막걸리를 마시면 괜찮아진다고 한 것이 근거 있는 이야기였던 것이다. 한국의 장수촌에 살고 있는 80세 이상의 남자 중 절반 이상이 매일 막걸리를 반 되 이상 마셨다는 통계도 있다. 막걸리를 마실 때는 흔들어 마시는 것이 좋다. 인체에 유익한 성분은 바닥에 가라앉기 때문이다.

막걸리는 외국에서도 인정받았다. 막걸리는 쌀을 원료로 하는 술로, 전분이 분해되면서 발효된다. 이런 방법을 병행복발효竝行復醱酵라고 부른다. 1970년 미국에서 새로운 양조법을 개발했다고 선전했는데, 동시당화발효법simultaneous saccharification and fermentation process으로, 바로 막걸리를 만드는 방법이다. 우리나라에서 전통적으로 만들어온 막걸리 제조법이 외국인에게는 최첨단 기술로 보인 것이다.

맥주도 막걸리와 같은 복발효주지만 누룩과 같은 물질은 첨가하지 않는다. 맥주는 싹이 조금 튼 보리 알갱이인 맥아麥芽로 보리의 전분을 당분으로 바꾼 후 알코올로 발효시키는 것이다. 즉 맥주는 보리로 분해와 발효가 이루어지도록 하는 데 비해 막걸리는 한 번 더 손이 가야 한다. 최근에는 막걸리를 발효시킬 때 사용하는 효모가 맥주효모균과 같은 종류saccharomyces cerevisiae라는 것이 밝혀져 맥주와 막걸리가 같은 원리로 만들어졌음이 확인되었다.

복잡한 전선을
깔끔하게 정리하는 방법

'전선 공해'의 시대

요즘 집은 마치 전선의 숲 같다. 각종 전자 기기와 방송 · 인터넷 선, 어댑터, 충전기까지 연결되어 복잡하기 그지없다. 2007년 『BBC』는 침실이 3개인 가정에는 38개 이상의 전기 소켓이 필요하다고 했다. 이와 같이 '전선 공해'가 일어나는 이유는 우리가 사용하는 전기가 직류가 아닌 교류이기 때문이다.

직류는 양극(+)과 음극(−)이 있는 전기로 건전지, 휴대전화

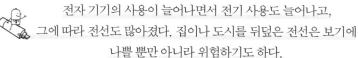
전자 기기의 사용이 늘어나면서 전기 사용도 늘어나고, 그에 따라 전선도 많아졌다. 집이나 도시를 뒤덮은 전선은 보기에 나쁠 뿐만 아니라 위험하기도 하다.

배터리, 자동차 배터리 등에 사용된다. 반면 건물의 벽에 있는 콘센트는 교류로 양극과 음극의 구분이 없어 플러그를 어느 쪽으로 꽂아도 전기가 흐른다. 현재 가정에서 사용하는 전기는 모두 교류다. 교류도 극성이 없는 것은 아니지만 계속 바뀌기 때문에 극성이 없는 것처럼 보인다. 우리나라의 경우 1초에 60번 양극과 음극이 바뀌며 프랑스 등 유럽에서는 1초에 50번 바뀐다.

직류발전기(90퍼센트)가 교류발전기(70퍼센트)에 비해 효율이 높다는 것은 잘 알려진 사실이다. 그러나 직류는 송전 시 단점이 많다. 직류는 전압을 올리거나 내리는 것이 어려우므로 발전소에서 전송할 때 가정에서 사용하는 전압과 같은 전압으로 보내야 한다. 문제는 송전 중에 열 손실이 일어난다는 것이다. 열 손실은 송전하는 전류의 제곱에 비례한다. 전압을 높일 수 없는 직류는 전류가 커야 하므로, 필연적으로 열 손실이 커질 수밖에 없다. 그래서 직류를 사용하면 낮은 전압과 전선의 저항에 의한 손실로, 발전소에서 3~5킬로미터 정도밖에 송전할 수 없다. 교류는 이런 문제가 없다. 변압기를 사용해 전압을 높였다 낮출 수 있기 때문에 1만 볼트로 송전하고 사용 시에는 변압기를 사용해서 110볼트로 낮추면 된다.

전류 전쟁

현재 전 세계적으로 교류를 사용하는 것은, '전류 전쟁'이라고도 불리는 토머스 에디슨Thomas Edison과 니콜라 테슬라Nikola Tesla의 대결 결과다. 테슬라는 세르비아계 미국인으로, 현재 크로아티아에 있는 스밀란에서 태어났다. 1884년 단돈 4센트를 가지고 미국으로 건너가 에디슨에게 고용되었다. 에디슨은 테슬라에게 발전기의 성능을 획기적으로 개선하면 보너스 5만 달러를 주겠다고 했다. 테슬라는 에디슨의 약속을 믿고 1년여의 연구 끝에 발전기를 개발했는데 에디슨은 "미국식 농담이었다"며 보너스를 주지 않았다. 발끈한 테슬라는 사표를 던지고 회사를 나와 교류전동기와 송·배전 시스템을 완성했다.

당시 철도용 에어 브레이크를 발명해 큰 성공을 거둔 사업가 조지 웨스팅하우스George Westinghouse는 에디슨이 고집하는 직류가 중간 손실이 많다는 것을 발견하고 변압기를 통한 교류 송전 방식을 추진했다. 변압기는 패러데이의 전자기 유도 법칙에 따라 전압을 변환해주므로 전압을 원하는 곳에서 원하는 비율로 바꿀 수 있으며, 옴의 법칙에 따라 송전 손실은 전압의 제곱에 반비례한다. 그러나 효율적인 교류전동기가 개발되지 않아 사업을 진전시키지 못하고 있었던 차에, 테슬라가 교류전동기를 발명한

에디슨(위)은 직류를,
테슬라(아래)는 교류를
앞세워 전류 전쟁을
벌였고, 승리는 테슬라와
웨스팅하우스가 차지했다.

것이다. 웨스팅하우스는 이 소식을 듣자마자 테슬라의 특허를 구입했다.

테슬라의 전동기와 송전 방식을 사용하면 발전소에서 송전할 때는 전압을 높여 중간 손실을 줄이고, 수신소에서는 전압을 낮추어 수신함으로써 안전하게 전기를 쓸 수 있다. 그러나 교류도 효율 측면에서 약점이 있었다. 이로 인해 당시 전기 업계와 학계에서는 교류냐, 직류냐를 두고 논쟁을 벌였다.

에디슨은 자기 연구실에서 아이디어를 도출해 만든 전동기를 웨스팅하우스가 보급하면서, 송전 사업에 차질이 빚어지자 교류 송전 방식의 약점을 물고 늘어졌다. 에디슨이 특별히 강조한 것은 교류가 직류보다 위험하다는 것이었다. 마침 뉴욕주가 교수형을 대신할 인도적인 사형 집행 방법을 찾는다는 소식을 듣고 에디슨은 사형 집행에 자신이 직접 고안한 전기의자를 사용하도록 로비를 벌였다. 교류가 위험하다는 것을 강조하기 위해 전압이 높은 교류를 쓰도록 했지만, 교류를 흘린 전기의자로도 사형수를 단번에 죽이지 못했다. 전기를 인체에 통과시키는 방법에 실수가 있었기 때문이다.

에디슨의 적극적인 방해에도 웨스팅하우스는 1893년 시카고 박람회장에 25만 개의 전등을 켜는 프로젝트를 낙찰받았다. 또한 나이아가라 폭포에 세계 최초의 수력발전소를 건설하는 대규모

공사도 낙찰받아 성공시켰다. 결국 송전 방식을 둘러싼 대결은 교류의 승리로 끝났다. 오늘날 전 세계 곳곳에 교류가 송전되고 있는 이유다.

직류의 재발견

전류 전쟁에서 에디슨이 패배하면서 교류가 직류를 밀어냈다. 하지만 직류는 근래 재평가받기 시작했다. 전자 기기의 급속한 보급 때문이다. 직류를 사용하면 전선의 수를 대폭 줄일 수 있다.

물론 교류를 그대로 사용하면서 전선의 수를 줄이는 방법도 있다. 무선통신과 전력선통신PLC이다. 무선통신을 이용하면 지금처럼 각 기기를 선으로 연결하지 않고도 전기를 이용할 수 있다. 무선통신을 사용하면 전선의 수는 획기적으로 줄일 수 있지만 전자파가 많아진다. 예를 들어 블루투스 주파수는 2.45기가헤르츠인데, 이는 전자레인지 주파수와 같다. 더구나 전력의 낭비가 많아진다. 가전 기기들은 언제 올지 모르는 무선 신호를 항상 대기하고 있어야 하기 때문에 대기 전력을 소모해야 한다.

전력선통신은 전력선에 통신 신호까지 함께 보내 통신선을 줄이는 방법이다. 무선통신과 달리 전자파가 거의 발생하지 않고 전력의 낭비도 크지 않다. 그러나 전력선 통신은 현재 인터넷 신호를 받는 것 이상으로는 널리 쓰이지 않는데, 가전 기기에 붙어 있는 전원 장치 때문이다. 거의 모든 가전 기기에는 직류가 사용되지만 공급되는 전기는 교류이므로 기기마다 교류를 직류로 바꾸어주는 전원 장치가 필요하다. 어댑터도 전원 장치의 일종인데, 전력선통신에 필요한 통신 신호는 이런 전원 장치를 통과하지 못한다. 따라서 전력선통신도 한계가 있을 수밖에 없다.

교류를 사용하는 한 충전기 문제도 끊이지 않는다. 충전은 전지에 전기를 흘려 저장하는 것인데, 전지에는 직류가 흘러야 한다. 그런데 가정에 들어오는 전기는 교류이므로 충전을 위해서는 교류를 직류로 바꾸어주는 충전기가 필요하다. 전력 낭비도 문제다. 거의 모든 가전 기기에는 어댑터와 같은 전원 장치가 있고 전원 장치에는 변압기가 들어 있다. 그런데 변압기는 기기가 전기를 사용하지 않아도 조금씩 전력이 새어나가도록 되어 있다. 어댑터를 만져보면 따뜻한 이유다.

가전 기기에 직류를 직접 공급해주면 이런 문제가 모두 해결되므로 기기의 크기와 무게가 감소한다. 학자들은 교류 대신 직류를 사용하면 개인용 컴퓨터를 노트북 크기로 줄일 수 있다고 말한다. 더구나 가전 기기끼리 전력선 통신이 가능해지기 때문에 전선의 수가 획기적으로 줄어들고 변압기의 전력 낭비 문제도 해결된다. 교류를 직류로 바꾸어주는 충전기가 필요 없으므로 휴대 전화를 직접 콘센트에 꽂아 사용할 수 있다.

직류를 사용하면 분산 발전에도 도움이 된다. 예를 들면 대규모 아파트 단지마다 작은 발전소를 지어 전기를 공급하는 것이다. 분산 발전에서는 직류를 발전하므로 가정에서 직류를 사용해도 문제가 없다. 더구나 태양에너지나 연료전지는 모두 직류를 생산하므로 차세대 발전 방식에 적합하다.

직류의 가장 큰 장점 중 하나는 대규모 정전 사태를 막을 수 있다는 점이다. 우리나라는 섬을 제외한 전국의 전력망이 하나로 연결되어 있어 전국 어느 곳에서나 똑같이 60헤르츠고 전압과 위상이 모두 맞아야 한다. 위상이 맞는다는 것은 한 부분이 양극일 때 다른 부분이 음극이 되는 일이 없어야 한다는 뜻이다. 즉, 전국의 전기가 '박자를 맞춰' 함께 움직여야 한다는 뜻이다. 그러므로 한 지역의 전력 사용이 갑자기 변하는 등 사고가 생기면 전국의 전기가 함께 동요하므로 수많은 도시에서 한 번에 정전이 발생할 수 있다. 직류는 이런 동요가 생기지 않는다.

무효전력 문제도 해결된다. 교류로 전송할 경우 전송망은 소비되는 전력 외에 어느 정도 예비 전력을 갖고 있어야 하며 이를 무효전력이라고 한다. 직류를 사용하면 무효전력이 사라지고 송전선의 수도 줄어든다. 교류를 사용하는 현재는 송전선이 3~4개 필요한데, 직류를 사용하면 송전선이 2개면 된다. 한 선을 접지할 경우에는 선이 한 가닥이면 되므로 감전 위험까지 줄어든다. 직류와 같은 전력을 내보내기 위해서 교류는 최대 전압이 배가 되어야 한다. 같은 전력을 전송할 경우 직류는 교류의 70퍼센트만으로도 똑같은 효과를 낼 수 있기 때문에 그만큼 위험이 줄어든다. 무엇보다 수백 볼트 이하의 전압에서는 교류가 훨씬 위험한데, 교류는 진동수가 60헤르츠기 때문에 사람을 1초에 60번 잡고 흔드는 것과 같은 충격을 준다. 반면 직류는 한 번 충격을 줄 뿐 반복되는 충격이 없다.

교류가 직류 대신 전 세계에 보급된 것은 20세기 초 직류 송전이 기술적으로 큰 문제가 있을 때 테슬라가 교류 송전으로 문제점을 해결했기 때문이다. 그런데 현재는 기술이 발전해 전류 전쟁에서 에디슨이 참패했던 원인들이 해결되었다. 변환 장치인 사이리스터thyristor의 성능이 향상되면서 직류 고전압을 얻을 수 있게 되었고, 장거리 송전이나 케이블 송전에는 직류가 교류보다 전력 손실이 적고 안전하다.

이런 장점이 있는 데도 직류로 전환하지 못하는 것은, 전 세계의 전산망이 이미 교류로 보급되어 있기 때문이다. 그러나 직류의 사용 움직임이 세계 곳곳에서 활발하게 일어나고 있다. 일본에서는 NTT데이터가 교환실을 직류화하고 있고, JR그룹도 전

철을 직류화하고 있다. 미국에서도 직류를 포함한 다중 주파수 송전을 검토 중이다. 한국에서도 한국전력공사가 직류 송전HVDC 시스템 국산화 개발을 추진하고 있다. 학자들은 앞으로 교류는 차차 사라질 것으로 예상한다. 그러면 집 안을 뒤덮은 수많은 전선도 사라질 것이다.

벼락을 잡아서
쓸 수 있다면

번개, 천둥, 벼락

'번쩍' 하면서 하늘을 가르는 번개는 대대로 공포와 경외의 대상이었다. 그리스신화의 최고신인 제우스도 번개의 신이다. 과학이 발전하면서 공포의 대상인 번개가 전기에너지로 이루어졌다는 것이 밝혀졌다. 번개가 전기라는 것을 발견하자 학자들은 번개의 전기에너지를 활용할 수 있지 않을까 생각했다.

번개의 활용을 이야기하기 전에 먼저 번개와 벼락의 차이를

구름 사이에서 번쩍이는 것이 번개, 번개와 함께 울리는
뇌성이 천둥, 사진처럼 땅에 내려꽂히는 번개가 벼락이다.

짚고 넘어가자. 하늘에 떠 있는 구름 안에는 작은 물방울과 얼음 알갱이가 들어 있다. 이들은 음(−)과 양(+)의 전하電荷를 띠는데, 이들끼리 끌어당기다 충돌하면서 전기가 방출된다. 이렇게 방출된 전기의 불꽃 현상을 번개라고 부른다. 벼락은 구름과 땅 사이에 발생하는 불꽃 현상으로, 하늘에서 땅으로 전류가 방전되는 현상이다. 번개가 치면 순간적으로 주변 온도가 섭씨 2만 7,000~3만 도 가까이 상승한다. 급격히 가열・팽창한 공기가 찬 공기와 부딪치면서 내는 소리가 천둥이다. 그런데 공기 속에서 소리는 빛보다 느리기 때문에 번개가 치고 몇 초 후에 천둥소리가 들린다. 번개는 매일 800만 번이나 치지만, 구름 사이에서 치기 때문에 그 자체로는 위험하지 않다. 위험한 것은 벼락이다.

벼락의 속도는 빛의 속도의 약 10분의 1이며, 벼락 주변의 온도는 태양 표면 온도의 4~5배에 달한다. 벼락의 전압은 1~10억 볼트, 전류는 수만 암페어다. 벼락이 한 번 내리칠 때 전기에너지는 100와트짜리 전구 10만 개를 약 1시간 동안 켤 수 있는 전력량과 맞먹는다. 영흥화력발전소는 시간당 80만킬로와트를 생산하며 수도권 전력 소비량의 약 20퍼센트를 공급한다. 벼락이 80번 내리치면 영흥화력발전소를 1시간 가동한 만큼의 전기를 얻을 수 있다.

벼락의 실용화에는 여러 가지 문제점이 있다. 우선 벼락이 언제 어디에 떨어질지 예측할 수 없다. 벼락이 인간의 입맛에 맞게 일정한 시기, 일정한 장소에 내려야 발전소를 세울 수 있다. 벼락이 내리칠 때를 예측해 이동형 발전소를 대기시키더라도 벼락은 거의 단행성單行性으로 순식간에 사라지고 만다. 학자들은 벼락을 산업용으로 활용하기 위해서는 적어도 1분에 한 번 이상 쳐야 한다고 말한다.

벼락을 산업용으로 사용하는 데 더 큰 문제는 전기를 저장할 방법이 만만치 않다는 점이다. 우선 벼락의 전기를 온전히 붙잡을 수 있는 소재를 아직 찾지 못했다. 학자들은 벼락 에너지를 온전히 붙잡으려면 전기저항이 0에 가까운 초전도 저장 장치가 필요하다고 한다.

하지만 이 분야에 관해서는 연구가 진행되고 있다. 울산과학기술원의 백정민 교수는 번개 원리를 이용해 전기를 생산하는 마찰 전기 발전기를 개발했다. 백정민 박사는 구름 안에서 수증기 분자가 얼음 결정과 마찰하는 과정에서 전하가 분리되고 축적되었다가 엄청난 에너지를 방출한다는 점에 착안했다. 수증기 분자와 얼음처럼 서로 마찰시킬 수 있는 신소재를 개발한 것이다.

현재의 기술로 저장되는 전력은 스마트폰 배터리를 충전하는 정도지만 저장 성능은 향상될 것이다.

학자들은 레이저와 벼락을 접목해 전기를 획득하는 아이디어도 내놓았다. 간섭성이 강하며, 진행 방향이나 파장이 일정하다는 빛의 특성을 이용한 것이다. 레이저 광선은 퍼지지 않고 멀리까지 도달한다. 1,600킬로미터나 떨어진 곳에서 발사한 레이저 광선으로 커피 주전자를 가열할 수 있을 정도다. 1962년에 달을 향해 발사된 레이저는 40만 킬로미터의 우주 공간을 지나 달에 도착했을 때 직경이 약 3킬로미터 정도밖에 퍼지지 않았다. 이 특성은 벼락을 잡을 수 있는 아이디어를 제공한다. 벼락은 낙뢰지점을 향해 곧바로 떨어지지 않는다. 마치 지나가기 쉬운 길을 찾아가듯이 구불구불하게 진행한다. 벼락의 방전이 일어날 때, 리더라 불리는 방전의 앞부분이 먼저 진행하며 대기 중의 비와 눈, 미립자 분포가 짙은 곳을 찾아간다. 벼락이 이동할 환경은 인공강우 기술로 조성할 수 있다.

인공강우로 기상조절

1946년 미국에서 드라이아이스를 살포하는 실험을 한 후 세계 각국의 과학자들은 인공으로 구름을 조절해 비를 만들어왔다. 인공 강우로 가뭄에 대비할 수 있고, 태풍이나 집중호우 전에 미리 해상에 비를 뿌리도록 유도해 폭우 피해를 막을 수 있다. 고속도로나 비행장 부근에 깔린 구름이나 안개를 엷게 만들어 대형 사고를 막는 데 활용할 수도 있다.

하지만 자연적인 강우 현상을 인위적으로 재현하는 것은 말처럼 쉽지 않다. 생성 초기의 구름에만 적용이 가능한데 심하게 움직이는 구름에 적절한 시점을 포착해 구름씨를 뿌려야 한다. 또한 구름이라고 모두 비를 품고 있는 것이 아니다. 구름씨를 뿌리는 시점이 맞지 않거나 적당한 구름이 아니라면 오히려 자연 강우마저 방해하기도 한다.

구름씨를 만드는 방법은 대체로 3가지다. 먼저 과냉각 물방울이 있는 구름 속에 곱게 부순 드라이아이스를 뿌리는 방법이다. 드라이아이스에 접촉한 공기는 영하 40도 이하로 냉각된다. 드라이아이스에 접촉한 공기 중의 물방울이 결빙되어 무거워져 지상으로 떨어지면서 비가 되는 것이다. 다음은 얼음과 결정구조가 비슷한 아이오딘화은AgI 같은 화학물질을 살포하는 방법이다. 아이오딘화은이 연소할 때 나오는 미립자가 영하 5도 이하에서 빙정으로 작용한다. 최근에는 아이오딘화은 대신 나트륨·마그네슘·염화칼슘 등을 혼합한 빙정핵을 만들기도 한다. 마지막으

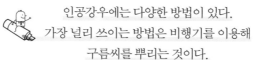 인공강우에는 다양한 방법이 있다.
가장 널리 쓰이는 방법은 비행기를 이용해
구름씨를 뿌리는 것이다.

로 비행기에 물을 싣고 공중에서 살포하는 방법이 있다. 과냉각층이 없는 구름 지대에 사용하는 방법으로, 상승기류가 격렬한 구름 밑바닥이나 그 바로 위에 큰 물방울을 넣어 강력한 비를 유도한다. 이론상으로 구름에 1톤의 물을 분무하면 100만 톤의 비를 내리게 할 수 있다고 한다.

하지만 대부분의 인공강우는 경제성이라는 측면에서 큰 이점이 없다. 그러나 인공강우로 만든 번개가 전기를 생산한다면 계산이 달라진다. 학자들은 인공강우를 만드는 것은 물론 인공벼락도 만들어 저장용 발전소에 전기를 모은다면 경제적으로 타당하다고 주장한다. 필요할 때 입맛에 맞게 비도 내리고 벼락도 만들자는 것이다. 다소 만화 같은 이야기로 들리겠지만, 기술 개발 추이로 보면 벼락을 잡아 에너지로 전용하는 기술이 조만간 실현될 것이다.

반딧불이처럼
빛나는 가로수

촉매와 효소

촉매란 어떤 반응을 빨리 일어나게 하지만, 그 과정에서 사라지지 않는 것을 말한다. 예를 들어 녹말을 산으로 처리하면 당으로 바꾸는데, 산은 반응 속도를 빠르게 해주지만 이 과정에서 소비되지는 않는다. 빵 반죽에 이스트를 넣으면 거품이 생기면서 반죽이 부풀고 가벼워지는 것도 마찬가지다.

　학자들은 효소가 유기 촉매 작용을 한다고 생각했다. 소량의 효소만으로도 원하는 작용을 일으킬 수 있기 때문이다. 효소는 의약·식품·화학공업·에너지·바이오센서·폐기물 회수·유전병 치료 등 거의 모든 분야에 활용되고 있다. 음식물의 분해를 도와주는 소화제도 있으며, 몸에서 분비되는 노폐물인 때의 성분을 완전히 분해해 물에 용해시키는 효소 세제가 있는가 하면 당뇨병 환자의 혈당 농도를 측정하는 효소도 있다.

효소와 효소가 작용하는 물질은 열쇠와 자물쇠에 비유할 수 있다. 많은 물질(자물쇠)이 효소(열쇠)가 없으면 아무 변화도 일어나지 않지만 효소가 있으면 다른 물질로 바뀐다. 자물쇠마다 맞는 열쇠가 있는 것처럼 효소는 그와 맞는 특정 물질에만 작용한다. 그러나 모든 자물쇠를 열 수 있는 마스터키가 있는 것처럼 효소 하나가 여러 물질에 반응을 일으킬 수도 있다.

빛을 내는 효소

1887년 프랑스의 라파엘 뒤부아Raphaël Dubois는 갈매기조개, 반디방아벌, 발광방아벌레 등에서 얻은 발광 성분이 열에 안정한 성분과 불안정한 성분으로 이루어져 있는 것을 발견했다. 뒤부아는 안정한 성분을 루시페린lucerine, 불안정한 효소 성분을 루시페라

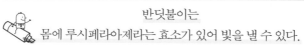 반딧불이는
몸에 루시페라아제라는 효소가 있어 빛을 낼 수 있다.

아제luciferase라 명명했다. 반딧불이를 비롯한 발광체가 빛을 내는 것도 효소의 작용 때문이다. 루시페라아제라는 효소가 루시페린을 변환시키는 과정에 빛이 나는 것이다.

생물의 발광에는 체외 발광과 세포 내 발광 2종류가 있다. 체외 발광을 하는 동물은 2가지 형태의 세포를 갖고 있다. 한쪽 세포에는 루시페린이라는 커다란 황색 과립이 들어 있고 다른 세포에는 작은 발광효소가 들어 있다. 동물이 근육을 수축시키면 이들 물질이 세포 사이나 체외로 밀려나온다. 이때 루시페린이 산화되어 빛을 내는 것이다.

체외 발광은 주로 바다 생물에서 볼 수 있는데 바다반딧불이는 적이 있거나 자극을 받으면 발광 물질을 내고 도망간다. 심해의 발광오징어도 마찬가지다. 어두운 해저에서는 오징어 먹물은 아무 소용이 없기 때문에 발광 물질을 이용하는 것이다.

반면 반딧불이나 야광충 같이 세포 내 발광을 하는 생물은 루시페린과 발광효소가 세포 안에 들어 있다. 지방을 포함한 많은 물질은 산화하면서 빛을 낸다. 동식물의 조직이 계속 움직이면서 발광할 때는 특히 빛이 강해진다. 가령 개구리의 심장이 수축할 때 심장의 표면은 늘 발광하고 있다. 인간도 미약하나마 발광을 하지만 인지할 수 있는 정도는 아니다.

변변한 조명 기구가 없던 시절, 반딧불이는 밤을 밝히는 데 큰 역할을 했다. 실제로 제2차 세계대전 중 일본군은 발광하는 작은 바다 새우(사이프리디나)를 사용했다. 장병들은 이 작은 새우를 상자에 넣고 다녔는데 건조한 새우는 발광하지 않지만 물에 넣으면 발광한다. 울창한 밀림에서 지도를 본다든지 보고서를 작성하려면 낮에도 조명이 필요하다. 회중전등을 사용하면 적에게 들킬 우려가 있지만 바다 새우가 내는 불빛은 수십 보만 떨어져도 발각되지 않으므로 은밀한 활동에 안성맞춤이다.

발광생물의 효과가 예상보다 높다는 것을 발견한 학자들은 이를 건물의 조명에도 이용할 수 있다고 생각했다. 발광세균을 플라스틱 컵이나 유리컵 속에서 살게 하기만 하면 된다. 물론 세균 한 마리가 내는 빛은 매우 약하기 때문에, 1와트 정도의 빛을 내기 위해서는 컵 속의 세균 수가 500조 마리 이상이 되어야 한다. 500조라고 하지만 세균은 매우 작기 때문에 상당한 밝기의 램프를 만드는 것이 불가능한 것은 아니다. 실제로 1935년에 파리의 해양연구소에서 국제 학회가 열렸을 때, 해양연구소의 큰 홀을 밝히기 위해 발광세균을 사용했다.

생물발광은 장점이 많다. 우선 전선이 필요하지 않고 효율이 높다. 전등은 효율이 좋은 것도 공급된 에너지의 약 12퍼센트만 빛으로 전환되고 나머지는 열로 손실된다. 전구를 만지면 뜨거운 것도 열을 내는 데 에너지를 쓰기 때문이다. 반면에 발광생물은 열을 내지 않는 냉광冷光이므로 소비 에너지의 거의 100퍼센트를 빛으로 바꾼다.

형설지공螢雪之功이라는 고사성어가 있다. 이 말은 동진東晉의 차윤車胤이 초를 살 돈이 없어 반딧불이를 모아 공부했다는 데서 유래한다. 많은 사람이 정말 반딧불이로 책을 읽는 것이 가능할까 궁금해 하는데, 결론부터 말하면 가능하다. 충분히 많은 반딧불이를 잡는다면 실내에서 책을 읽을 수 있을 정도의 빛을 얻는 것이 어려운 일은 아니다. 반딧불이는 1마리가 3룩스의 빛을 발한다. 반딧불이 80마리로 쪽당 20자가 인쇄된 천자문을 읽을 수 있으므로 200마리 정도면 신문을 읽을 수 있다.

빛나는 동물과 식물

막스플랑크진화인류학연구소의 셸 그룹은 반딧불이 대신 발광세균의 루시페라아제 유전자를 사용해 빛나는 담배와 당근을 만드는 데 성공했다. 대구가톨릭대학교 의대 김태완 교수팀은 해파리의 녹색형광유전자GFP를 닭에 주입해 자외선을 비추면 녹색으로 빛나는 닭을 만들었다. 동물의 체내에 유전자를 넣을 때 일종의 운반체 역할을 하는 레트로 바이러스 벡터 시스템을 개발해, 녹색 형광유전자를 유정란에 주입하고, 부화한 닭들을 자외선에 노출시켜 부리와 머리에서 형광 유전자가 발현되도록 한 것이다. 이 연구는 닭에 원하는 유전자를 삽입할 수 있다는 데 큰 의미가 있다. 앞으로 달걀로 조혈造血 촉진 단백질이나 혈액 응고 단백질 같은 고가의 치료용 단백질을 저렴하게 생산할 수 있을 것이다.

국립대만대학의 우신즈吳信志 교수는 해파리에서 채취한 형광 초록 단백질을 돼지 배아에 주입해 초록 돼지 3마리를 만들었다. 이 돼지는 밝은 곳에서는 입 주위와 이빨, 발 부분만 초록빛이 나지만 어두운 곳에서는 온몸이 형광 초록빛을 낸다. 의학자들이 초록 돼지에 주목하는 것은 이 돼지의 줄기세포를 다른 동물에 주입하면 생체 검사를 거치지 않아도 줄기세포의 발달 과정을 추적할 수 있기 때문이다.

형광 유전자를 동물에 접목시키는 데 성공하자 학자들은 루시페라아제를 만들어내는 동물의 유전자를 식물 유전자와 조합시켜 빛을 내는 식물을 만들어내는 데 도전했다. 캘리포니아대학 샌디에이고의 도널드 헬린스키Donald Helinski 교수는 북미반딧불이의 루시페라아제 cDNA를 당근 배양 세포의 프로토플라스트

김태완 교수가 만든
어두운 곳에서 빛을 내는 닭.

protoplast(세포벽을 제외한 세포 내용)에 전기천공법electroporation (전기 펄스로 세포에 주입하는 방법)으로 주입했다. 담배에도 아그로박테리아agrobacterium로 루시페라아제를 주입하는 데 성공했다. 어두운 곳에서 빛을 쬐면 빛나도록 조작한 것이다.

당근과 담배 등 일년생식물을 빛나게 만들 수 있다면, 다년생식물의 잎도 빛을 내게 만들 수 있지 않을까? 그렇다면 전기 없이도 빛을 내는 '반딧불이 가로수'를 만들어 심을 수 있을 것이다. 반딧불이의 발광 유전자를 빼내 가로수로 많이 사용하는 은행나무 유전자에 주입하면 은행나무는 반딧불이의 발광 유전자에 따라 해가 지면 스스로 빛을 발하게 될 것이다.

은행나무는 약 2억 5,000만 년 전인 고생대 말 페름기에 출현해 지금까지 생존하고 있는 식물이다. 다른 생물처럼 멸종하지 않고 오랫동안 살아남았기 때문에 '살아 있는 화석living fossil'이라고 한다. 은행나무는 멸종 위기에 처하기도 했는데, 북미에서는 약 700만 년 전, 유럽에서는 250만 년 전에 멸종되었다. 지금의 은행나무는 중국 쓰촨성의 은행나무가 전 세계로 퍼진 것이라고 한다. 생물학적으로 은행나무과에는 단 1종이 있으며 학명으로는 징코 빌로바Ginkgo biloba라고 한다. 은행나무가 가로수로 사용되는 것은 다른 식물에 비해 5~6배에 달하는 산소를 발생하기 때문이다. 아황산가스 정화 능력이 크고 염해에 강하며 화재에도 저항력이 크다. 관리 비용도 저렴한 편이다. 이런 은행나무에 반딧불이 효소를 접목시켜 빛을 내게 만든다면, 가로등 역할을 할 뿐 아니라 연말연시에는 낭만적인 분위기도 연출할 수 있을 것이다.

황금을
만들 수 있다면

인간이 가장 사랑하는 금속

금만큼 인간의 상상력을 자극하고 애간장을 태우는 물질은 없을 것이다. 수천 년 동안 인간은 금을 차지하기 위해 전쟁과 정복을 일삼았고 금의 힘으로 제국을 건설했다. 금은 매우 희귀하고 가공하기 쉬우며 세월이 지나도 광택이 변하지 않는다. 잉카인은 금을 '태양이 흘린 땀방울'이라 불렀다. 금은 어느 금속보다 선망의 대상이었다.

금의 원자번호는 79로 주기율표에서 원자량의 크기 순서로 79번째다. 금은 전도율이 높고 부식성이 없기 때문에 활용도가 매우 높다. 몇천 년이 지나도 부식되지 않고 원래의 아름다움을 간직한다. 시간이 지나도 찬란하게 번쩍이는 것은 금뿐이다. 금은 어떤 물질에도 화학변화를 일으키지 않고 녹도 슬지 않는다. 금은 화학적으로 매우 높은 불활성不活性을 보이는데, 진한 염산과 진한 질산을 3 대 1로 혼합한 왕수에는 녹는다. 금속의 광택은 난반사와 전반사 때문에 생긴다. 대부분의 금속은 가시광선 전 영역을 흡수했다가 반사해 흰색(은백색)을 띠는 데 반해 금은 감청색 빛은 흡수하고 그 외의 가시광선을 반사해 황금빛을 띤다.

그러나 금을 귀중하게 여기는 중요한 이유는 매우 희귀하기 때문이다. 금은 화성암 1톤당 0.0011그램밖에 포함되어 있지 않다. 철은 1톤당 41킬로그램, 구리는 55그램, 은이 0.07그램 포함되어 있으니 금이 얼마나 희귀한 금속인지 알 수 있다.

바닷물 속에는 50억 톤이나 되는 금이 함유되어 있다. 제1차 세계대전에서 패배한 독일은 배상금을 지불하기 위해 1918년 노벨화학상 수상자인 프리츠 하버Fritz Haber에게 해수에서 금을 추출하는 계획을 수립하도록 했다. 하지만 바닷물에 포함된 금의 농도가 너무 낮아 채산성을 맞출 수 없어 실패했다. 채취에 드는 비용이 금값보다 몇 백 배나 비쌌기 때문이다.

자연금과 장신구

Native Gold　　　　Au

자연금과 금으로 만든 장신구.
금은 인류가 오래전부터 사랑해온 금속이다.

금은 약 6,000년 전부터 사용되었다고 추정하는데 아주 희귀해 19세기 중엽까지 전 세계에서 채굴된 금의 총량은 겨우 5,000여 톤에 지나지 않았다. 그 후 채굴 기술이 획기적으로 개선되어 현재까지 약 10만여 톤이 채굴되었다. 그러나 현재 확인된 채굴 가능한 금의 매장량은 고작 4만여 톤에 지나지 않으므로, 인간이 활용할 수 있는 금의 양은 모두 합해 14만 톤이다. 14만 톤은 수영장에 6미터 높이로 쌓인 금괴의 양밖에 되지 않는다. 현재 채굴되는 양은 1년에 1,000톤 정도이므로 앞으로 40~50년이면 금이 고갈될지도 모른다.

금의 특성

금은 1,064.18도라는 비교적 낮은 온도에서 녹으며(철의 용융점은 1,537.85도) 공기 중에서 빨갛게 달구어도 녹이 슬지 않는다. 이 때문에 사금처럼 금의 미립자를 모아 녹이면 손쉽게 금덩어리를 만들 수 있다. 금의 비중은 19.32로 주기율표에서 플루토늄까지 94개 원소 중 일곱 번째로 무겁다. 영화에는 은행 강도가 은행을 턴 후 금괴를 큰 가방에 가득 넣고 도망가는 장면이 나오는데, 금의 비중을 고려하지 않은 연출이다. 30인치 여행용 가방에 금을 가득 넣으면 2톤이 넘는다.

금의 가장 큰 장점은 연성(물체를 잡아당겼을 때 탄성의 한계를 넘어도 파괴되지 않고 길게 늘어나는 성질)이나 전성(타격 또는 압력에 파괴되지 않고 얇게 펴지는 성질)이 크다는 점이다. 1그램의 금으로 3,000미터에 달하는 긴 금줄을 만들 수 있다. 이렇게 만든 금줄의 지름은 약 5마이크로미터에 지나지 않는다. 콜레라균이 지름 약 1마이크로미터에 몸길이가 5마이크로미터라는 점을 감안하면 금을 얼마나 가늘고 길게 만들 수 있는지 가늠할 수 있을 것이다.

금은 전성도 대단해 두께가 0.1나노미터인 금박도 만들 수 있다. 이렇게 얇은 막이 되면 빛도 투과하는데, 그 빛은 초록색으로 보인다고 한다. 현재 기술을 활용하면, 1세제곱센티미터의 금으로 가로세로 11센티미터에 두께 0.3~0.6나노미터인 금박을 1,000장 만들 수 있다.

금은 화폐·만년필·장신구·안경테·금니 등 여러 방면에 사용되고 있지만 최근에는 반도체 집적회로IC의 배선이나 인공위성에도 사용된다. 우주복이나 우주 유영 때 사용하는 구명줄의 표면을 금박으로 씌워 강렬한 태양열을 차단한다. 금은 반사율이 매우 큰 데다 아주 얇게 만들 수 있으므로 가볍게 표면을 씌울 수 있기 때문이다. 우주 비행사가 쓰는 헬멧 창에도 금을 사용하는데 창에 금박을 입히면 금박이 가시광선은 투과하고 눈에 해를

얇게 편 금박을 자르는 모습.
금은 연성과 전성이 뛰어나 두께 0.1나노미터까지 얇게 만들 수 있다.

끼치는 자외선은 막아주기 때문이다.

금을 얻는 험난한 길

그런데 금을 얻는 것은 간단하지 않다. 금 원광原鑛은 반응성이 큰 시안화물로 녹인 후 활성탄에 흡착시켜 얻는다. 용해된 금은 원광에 포함된 탄소 때문에 흡착이 잘 안 되어 회수가 불가능한 경우가 많다. 그러므로 아주 높은 온도에서 태우거나 화학적으로 처리해야 한다. 하지만 처리 비용이 비싸기 때문에 원광의 금 함량이 높은 경우에만 타산이 맞는다.

학자들은 부존된 금을 채취하는 방법이 단순하지 않자 다른 방법에 눈을 돌렸다. 과학기술로 금을 만들자는 것인데 2가지 방법이 제시되었다. 첫 번째 방법은 우주에서 금을 채취하는 것이다. 지금도 광대한 우주의 태양보다 큰 별에서 무거운 원소들이 합성되고 있다. 금이 합성되려면 80억 도 정도가 되어야 하는데, 학자들은 초신성이 폭발할 때 온도가 약 1,000억 도이므로 금이 합성될 수 있다고 말한다. 문제는 지금 기술로는 우주에 나가 금을 채취해올 수 없다는 것이다.

과학기술로만 따지면 연금술 방법을 사용할 수도 있다. 연금술이란 값싼 철이나 납 같은 것을 금으로 바꾸는 것인데, 현대 기술로는 불가능하지 않다. 백금이나 수은을 고속 이온 충돌기로 충돌시켜 원자핵을 변환시키면 된다. 원리 자체는 문제없지만 확률도 낮고 효율이 낮아 금 가격보다 훨씬 많은 돈이 든다. 금보다 희소하고 비싼 백금으로 금을 만들 필요가 있을까?

금을 만드는 미생물

그런데 놀라운 아이디어가 제시되었다. 학자들이 주목한 것은 금 산화물을 먹고 사는 미생물을 이용하는 것이다. 미생물을 이용하는 방법은 2가지다. 첫째는 미생물을 사용해 금 채취의 효율성을 높이는 것이고, 둘째는 미생물을 활용해 바다 또는 민물에 포함된 금을 회수하는 것이다.

호주 애들레이드대학 프랭크 리스Frank Reith 박사는 쿠프리 아비두스 메탈리두란스Cupriavidus metallidurans라는 박테리아가 독성이 있는 금산화물을 환원시켜 금 나노 입자를 만든다는 사실을 발견했다. 이 박테리아가 금 입자 주위에 모여 바이오막을 형성한 뒤 주변의 금 이온을 환원시켜 금 입자를 만든다는 것이다. 생존을 위해 독성이 있는 중금속 이온을 무해한 금속으로 바꾸도록 진화한 것으로, 이 박테리아를 이용하면 금광의 금 회수율을 높일 수 있다. 이 방법을 사용하면 원광 1톤당 200그램의 미생물을 활용해 4그램의 금을 얻을 수 있다.

이런 방법을 사용하더라도 금을 채굴할 수 있는 양은 한정되어 있으므로 앞으로 40~50년이면 금이 고갈된다. 학자들은 또 다른 방안을 제시했다. 미생물 중에는 황화물을 분해해 에너지를 얻는 미생물이 있다. 엑스트레모필Extremophiles은 온천이나 바다의 화산 분화구 같이 조건이 매우 열악한 곳에서 서식하며 용해된 금 분자를 금 침착물로 변환시키는 능력이 있다. 이 미생물은 용해된 금속을 흡수해 금으로 변환한다. 한마디로 금을 토해내는 것이다.

그러나 바닷물에서 1그램의 금을 모으려면 수없이 많은 미생물이 필요하고 효율도 낮다. 하지만 바닷물이 아니라 금 광산에서 버려지는 물을 이용하면 어떨까? 하천에서 발견되는 사금의 대부분은 페도미크로븀Pedomicrobium이라는 세균이 몸 주위에 순금 박막을 형성한 결과다. 사금이 지질학적인 요인으로 만들어진 것이 아니라 생물과 관련이 있다는 뜻이다. 전자현미경으로 사금을 관찰하면 미크론 단위의 둥근 물체가 가느다랗게 연결된 그물 구조를 볼 수 있는데 이 구조를 세균이 만들었다는 것이다. 페도미크로븀은 발아라는 특이한 방식으로 증식하기 때문에 다른 세

19세기 후반의 사금 채취 모습.
사금은 근처에 금이 묻혀 있기 때문이라고 알려져왔으나,
실제로는 미생물과 관련이 있다.

균보다 금을 모으는 성능이 뛰어나다. 새로운 세포는 짧은 자루로 모母세포와 결합된 채 성장한다. 금의 입자가 눈에 보이는 크기로 성장하는 것도 페도미크로븀이 흩어지지 않고 하나로 뭉치기 때문이다.

사실 많은 세균이 주위에 광물 껍질을 형성한다. 페도미크로븀이나 엑스트레모필은 금 외에도 용해 광물이 풍부하게 존재하는 수력발전소 주위나 파이프 속에서 철과 망가니즈 산화물을 모은다. 유전학자들은 황금을 만드는 세균의 유전자를 증식해 다른 세포에 이식하면 원하는 광물을 생산할 수 있을 것이라고 이야기한다.

놀라운 것은 로마시대에도 미생물을 이용해서 자연적으로 용해된 은·구리·철을 채취해왔다는 것이다. 함량이 낮은 구리 원광을 곱게 부수어 묽은 황산을 뿌리고 여기에 티오바실루스Thiobacillus라는 세균을 뿌려준다. 황산이 미생물의 생육을 촉진시키면 미생물이 광석을 조금씩 갈아 먹으면서 황을 산화시키고 구리를 용해시킨다. 이렇게 용해된 구리를 씻어 회수하면 되는데, 현재 전 세계 구리의 4분의 1이 미생물 광업으로 생산되고 있다.

미생물을 사용하는 데 큰 문제점은 구리를 만드는 티오바실루스의 경우 자라는 속도가 느리다는 점이다. 보통 세균은 2배로 분열하는 데 20~30분이 걸리지만 티오바실루스는 10시간이나 걸린다. 이를 극복하기 위해 세포에 구멍을 내서 빨리 자라게 하는 유전자조작이 시도되고 있는데, 불행하게도 티오바실루스는 구멍을 내면 죽는다고 한다. 그러나 빨리 번식하는 세균의 경우 조건만 적당하면 4~5일 만에 10^{36}개로 늘어날 수 있다. 세균에게 적당한 환경을 만들어주기만 하면 경제성 있는 광산을 만드는 것도 어려운 일은 아니다. 세균이야말로 고대의 연금술사들이 꿈꾸던 '현자의 돌'일지도 모른다.

chapter 4

과학으로 엿보는 미래

우주에서 올리는
낭만 가득한 결혼식

티토의 우주여행

1902년 조르주 멜리에스Georges Méliès 감독은 〈달 세계 여행〉이라는 영화에서 특수 효과를 사용해 달에 착륙한 인간의 모습을 그렸다. 당시만 해도 인간이 달에 갈 수 있다는 것은 황당무계한 상상에 지나지 않았다. 하지만 70년도 지나지 않은 1969년, 전 세계인이 달 표면에 발을 내딛는 닐 암스트롱Neil Armstrong의 모습을 지켜보았다. 이후 우주 연구는 계속 진행되었고, 우주인도 급속히 늘어났다. 그리고 이제는 일반인도 우주여행을 할 수 있는 시대를 앞두고 있다.

2001년 미국인 기업가 데니스 티토Dennis Tito가 2,000만 달러를 들여 러시아의 ISS(국제우주정거장)에서 8일간 머물면서 일반인도 우주여행이 가능하다는 것을 증명했다. 티토는 몇 달간 우주 비행 훈련을 받고 2001년 5월 지구를 떠나 ISS에 다녀왔다. NASA의 거센 반대를 물리치고 러시아 우주선인 소유즈 TM32를 타고 우주여행을 경험한 티토는 믿기지 않을 정도로 멋진 경험이었다고 말했다.

티토의 우주여행은 상당한 우여곡절 끝에 성사되었다. ISS 건설을 주도한 NASA는 다른 우주 비행사의 안전을 위협할 수 있다는 이유로 티토의 우주여행을 거부했다. ISS가 이미 엔데버호와 도킹한 상태라 소유즈 TM32와 동시에 도킹하는 데 안전 문제와 기술적 문제가 있다고 핑계도 댔다. 결국 NASA는 티토가 ISS에서 사고를 당하더라도 ISS 관계자에게 어떤 법적 조치도 취하지 않을 것과, 티토가 ISS에 손실을 입힐 경우 배상할 것이라는 내용에 서명을 받은 후 우주여행을 승인했다. 티토는 여행을 끝낸 후 "내 꿈을 성취했으며 더 많은 사람이 우주여행을 할 수 있도록 돕겠다"고 밝혔다.

티토는 ISS에서 공식적인 임무를 수행하지 않았다. 사진이

미국의 기업가 티토는 2,000만 달러라는 거금을 들여
민간인 최초로 우주여행을 다녀왔다. 그의 우주여행이 성공하자
더 저렴한 가격의 우주여행이 잇따라 나오기 시작했다.

나 비디오를 찍으면서 그야말로 관광객으로 지냈다. 8일 동안 우주선에 탑승하는 조건으로 2,000만 달러는 너무 비싸다고 생각할 수 있지만, 티토의 우주여행으로 상업 우주여행의 시대가 열렸다는 데 큰 의미가 있다.

우주 결혼식

일반인도 우주여행을 할 수 있다는 것이 증명되자 더 야심찬 우주여행도 계획되었다. 지상 100킬로미터 상공에서 우주 결혼식을 올리자는 아이디어다. 예식은 비행기형 로켓인 우주 비행선이 출발하면서 시작된다. 곧바로 무중력 상태로 들어가는데 이때 신랑과 신부는 혼인 서약을 하고 하객들은 이 모습을 지상에서 인터넷으로 지켜본다. 결혼식에 걸리는 시간은 단 5분이다.

5분의 짧은 결혼식이지만, 비용은 만만치 않다. 일본의 한 결혼 기획 업체가 내놓은 이 우주 결혼식 상품은 2억 4,000만 엔으로 우리 돈으로 대략 24억 원이다. 결코 저렴한 비용은 아니지만 티토의 우주여행 비용에 비하면 10분의 1 수준이다.

일반인도 우주여행을 하는 시대

많은 사람이 우주여행을 꿈꾼다. 1995년도 조사에 따르면 40세 미만의 미국인 75퍼센트가 우주에 가고 싶다고 대답했다. 우주를 여행해본 우주 비행사들은 한결같이 우주에서 지구를 바라보는 것이 참으로 신비한 경험이었다고 말한다. 캐나다의 우주 비행사 크리스 해드필드Chris Hadfield는 햇빛을 받아 빛나는 북미를 바라본 경험을 다음과 같이 묘사했다.

> 그런 영광은 없을 거예요. 해안에서 해안까지 2, 3분 동안 전 대륙을 볼 수 있는 그런 영광 말이에요. 허드슨만에서 오대호를 거쳐 대서양까지, 위니펙호에서 로키산맥까지 모두 볼 수 있어요. 하지만 동시에 양쪽을 모두 볼 수는 없는 게 안타까워요. 그래도 사진 8장에서 10장 정도 찍을 시간에 나라 전체를 내려다볼 수 있다는 것은 정말 굉장한 기쁨이에요.

사람들은 우주여행을 위해 정말 특별한 훈련이 필요한지 궁금해한다. 영화를 보면 우주인은 우주 비행을 위해 혹독한 훈련을 한다. 이런 훈련을 견딜 수 있는 사람은 많지 않다. 2010년까지 우주비행을 해본 사람은 500명 미만으로, 이들은 우주여행을 위해 최소한 1년 이상 집중적인 훈련을 거쳤고 이 훈련을 감당할 기초 체력을 갖추었기 때문이다.

결론부터 말한다면 미래에는 일반인이 강도 높은 훈련 없이도 비행기를 타는 것처럼 우주여행을 할 수 있을 것이다. 물론 간단한 건강 테스트와 사전 교육은 필요하겠지만 전문 우주인처럼 긴 훈련을 받을 필요는 없다. 그렇다면 나이는 상관이 없을까? 1988년 존 글렌John Glenn이 77세에 디스커버리호를 타고 무사히 우주 비행을 마친 것을 보면, 나이는 큰 문제가 되지 않을 것이다.

기업들의 도전

더욱 고무적인 것은 이제 우주여행이 NASA를 비롯한 국가기관의 전유물이 아니라는 점이다. 유럽과 미국의 기업들은 궤도에 진입하지 않고 탄도비행하는 준궤도 우주여행에 도전하고 있다. ISS나 인공위성 궤도까지 올라가 장시간 머무는 궤도 여행이 아니라 인공위성 궤도보다 낮은 고도 100킬로미터까지 올라가 몇 분간 머문 뒤 다시 내려오는 것이다. 여행객 입장에서는 무중력 상태를 맛만 보는 것이지만, 환상적인 순간을 맞볼 수 있다.

유럽 합작 항공기 제조사인 EADSEuropean Aeronautic Defence

and Space는 발 빠르게 움직이고 있다. EADS는 1명의 조종사와 4명의 관광객으로 구성된 우주 관광선을 선보였다. 일정은 다음과 같다. 먼저 우주왕복선이 우주 공항 활주로를 달려 이륙한다. 탑승객은 반쯤 누운 자세며, 우주왕복선의 바닥과 천장에는 창문이 나 있다. 항공기처럼 천천히 고도를 높이던 우주왕복선은 지상 12킬로미터 상공에서 로켓 엔진을 점화해 80초간 수직 상승한다. 탑승객은 이 순간 엄청난 중력가속도를 느낀다. 지상 100킬로미터 상공에 도착한 우주왕복선이 자유 낙하를 시작하면, 탑승객들은 약 3분 30초 정도 무중력을 체험한다. 대기권으로 재진입한 우주왕복선은 지상 10킬로미터부터 글라이더처럼 활공해서 활주로에 착륙한다.

전체 관광 일정은 1시간 30분으로, 비행선 안에서 무중력을 느끼는 시간은 3분 30초지만 태양과 달을 배경으로 지구를 감상할 수 있다. 이 방식의 장점은 가격이 저렴하다는 것이다. EADS는 티토가 지불한 2,000만 달러의 100분의 1정도인 19만 9,000~26만 5,000달러로 우주여행이 가능하다고 설명한다.

이와 같이 우주여행 가격이 떨어지는 것은 준궤도 여행용 우주비행선은 우주여행을 마친 뒤 항공기처럼 활강해 착륙하기 때문이다. 같은 우주선을 여러 차례 재사용할 수 있으며, 이륙할 때는 모母항공기로 우주선을 끌어올린 뒤 발사하기 때문에 연료비

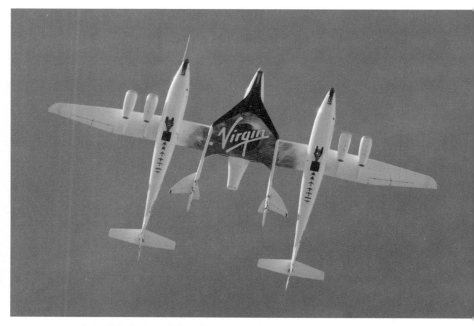

 버진 갤럭틱의 스페이스십투(가운데)와 모선인 화이트 나이트 2의
비행 모습. 버진 그룹 회장 리처드 브랜슨은 버진 갤럭틱을 세우고
우주여행 사업에도 뛰어들었다.

도 절약된다.

미국의 준궤도 우주여행은 유럽보다 구체적이다. 2004년 고도 100킬로미터의 우주 공간으로 승객을 실어 나를 수 있는 재사용 민간 우주선을 건설하는 대회인 X 프라이즈가 개최되었다. 이 대회에서 미국의 항공기 엔지니어 버트 루탄Burt Rutan이 개발한 스페이스십원SpaceShipOne이 시험 비행에 성공했고, 루탄은 우승자가 되었다. 버진 갤럭틱의 창립자 리처드 브랜슨Richard Branson은 이 우주선 기술을 구입했고 곧이어 스페이스십투 SpaceShipTwo를 개발했다. 조종사 2명이 모는 스페이스십투에는 승객이 6명까지 탈 수 있다.

스페이스십투는 대류권 재진입 때 속도를 줄이기 위해 삼각형 모양의 날개를 90도로 세울 수 있도록 설계되었다. 이를 고도 약 15.5킬로미터까지 실어 나를 모선인 화이트 나이트 2White Knight Two는 2대의 항공기를 병렬로 연결한 형태로 4개 엔진이 장착되어 있다. 탄소섬유로 제작된 항공기 중 세계 최대 크기다.

화이트 나이트 2가 15.5킬로미터 상공에 이르면 스페이스십투는 하이브리드 로켓 엔진을 점화해 음속 3배 이상의 속도로 날아올라 우주 공간의 시작점인 지구 상공 약 100킬로미터 지점까지 솟구친다. 모선 분리에서 준궤도 도달까지 걸리는 시간은 약 90초다.

양쪽 창가에 앉은 6명의 승객은 이후 4~5분간 무중력 상태를 경험하며 최대 고도 110킬로미터 지점에서 지구의 파노라마 풍경을 마주한다. 가시거리가 1,600킬로미터에 달해 햇빛을 받아 빛나는 지구 표면과 우주의 암흑을 한눈에 볼 수 있다. 스페이스십투의 내부는 탑승객들이 무중력 상태를 즐기고 기념사진을 촬영할 수 있을 만큼 넓다.

4~5분간의 극적인 우주여행이 끝나면 스페이스십투의 엔진이 재점화된다. 동체와 수평을 이루었던 날개를 수직으로 세워 하강한다. 이후 약 21.5킬로미터 상공에서 날개를 본래 상태로 펴고 착륙한다. 이륙 후 지구 귀환까지 소요되는 시간은 약 2시간 30분이다. 스페이스십투는 뉴멕시코에 건설된 활주로 스페이스포트에서 이착륙한다.

스페이스십투와 같은 개념을 차용한 XCOR 에어로스페이스의 우주관광선 링크스Lynx는 8.5미터 길이의 소형 우주선으로 스페이스십투의 절반 크기다. 우주기지 활주로에서 로켓 엔진을 점화시켜 음속의 2배 속도로 이륙한 링크스는 약 42킬로미터 상공에 이르면 엔진을 끈 상태로 약 61킬로미터까지 상승하는데, 탑승객은 이때 무중력을 체험하면서 대기권 아래 지구를 감상한다. 귀환은 글라이드 선회 방식으로 이루어지며, 이륙부터 착륙까지 총 30분이 소요된다. 준궤도 우주여행에 참여할 사람은 우주여행 전에 약 4일간 오리엔테이션·신체검사·중력가속도 극복 훈련 등만 받으면 된다. 여행 티켓은 장당 20만 달러에 팔고 있다. 2006년에 이미 3만 4,000명 이상이 이 우주여행 상품을 신청했다고 한다.

엘리베이터를 타고
우주에 갈 수 있을까?

우주선보다 효율적인 우주 엘리베이터

우주선 발사는 만만치 않은 일이다. 많은 인력과 돈이 들고, 가끔
은 실패해 우주 비행사가 사망하기도 한다. 한 번 발사할 때마다
막대한 돈·인력·시간을 낭비한다는 것이 로켓을 사용하는 우
주선의 원천적인 문제다. 로켓이 지구의 중력을 벗어나기 위한
탈출 속도를 얻는 데 엄청난 에너지를 소요하기 때문이다. 록히
드마틴의 X-33은 무려 12억 달러가 넘는 예산을 투자했지만 우

주선 무게의 10배가 넘는 연료 탱크를 장착해야 하는 문제를 해결하지 못해 끝내 개발을 포기했다. 시험 우주선 로턴roton도 경제성을 인정받지 못해 쓰레기로 전락하고 말았다.

이처럼 우주로 가는 길은 멀고도 험하다. 우주 선진국들은 로켓 발사 비용을 줄이려고 안간힘을 쓰지만 뚜렷한 성과는 나오지 않고 있다. 돈을 무더기로 삼키는 고체·액체 연료 로켓은 장시간 연속해서 운전하기 어렵고 폭발 위험성도 높다. 이런 연료 문제를 해결한다면 우주여행은 대중화될 수 있을지도 모른다. 과학자들은 우주 엘리베이터로 이 문제를 해결할 수 있다고 입을 모은다. 한마디로 우주까지 이어지는 바벨탑을 만들자는 것이다.

지구에서 우주까지 이어지는 엘리베이터를 건설한다는 것이 다소 황당하게 들리겠지만, 학자들은 이 계획이 실현성 있다고 믿는다. 우주와 지구를 연결하려는 야심찬 계획은 오래전부터 있었다. 최초의 우주 비행사 유리 가가린Yuri Gagarin이 우주로 나가기 전부터 우주 엘리베이터는 관심을 모았다. 1889년 파리에 에펠탑이 세워지자 에펠탑에서 우주 엘리베이터의 아이디어를 떠올린 사람도 있었다. 당시에는 공상 만화 수준이었으나, 1950년대 러시아 과학자 유리 아르추타노프Yuri Artsutanov가 지구와 우주정거장을 밧줄로 연결하는 아이디어를 내놓으면서 상황이 변했다. 정지궤도 위성을 이용해 지구 표면에 케이블을 늘어뜨리고 반대

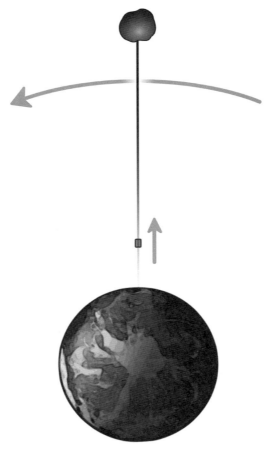

 우주 엘리베이터의 대략적인 구상도.
지구 표면에서 우주까지 긴 케이블을 연결하는 방식이다.

편에 평형추를 매달아 중심을 잡는다는 것이었다. 물론 이 역시 현실화되지는 못했다. 당시의 기술로는 우주를 연결하는 밧줄을 설치할 수 없었기 때문이다.

우주 엘리베이터는 수직으로 뻗은 선로다. 한쪽 끝은 지구 표면에, 다른 한쪽 끝은 우주 공간에 걸어두는 아주 기다란 케이블이라고 할 수 있다. 지구 표면에는 적도 근처 대양 한복판에 승강장을 설치하고 고도 3만 6,000킬로미터가 넘는 우주 공간에 인공위성 즉, 우주정거장을 설치하고 두 곳을 케이블로 묶는 것이다. 이렇게 하는 것은, 우주 엘리베이터의 케이블이 아무것에도 고정되지 않은 채 우주 공간에 놓이면 지구 중력 때문에 금방 무너지기 때문이다. 다행히 지구를 도는 물체에는 지구를 벗어나려는 원심력이 작용한다. 우주 엘리베이터가 지구를 돌면서 생기는 원심력이 구심력인 중력과 균형을 이루기 때문에 케이블은 우주 공간에 안정적으로 꼿꼿이 매달려 있게 된다. 지구 승강장에는 약 50킬로미터에 달하는 거대한 탑을 세워야 한다. 이곳까지는 일반 항공기를 이용하며 이곳에서 우주선을 발사할 수 있다는 것도 큰 장점이다.

우주 엘리베이터에 필요한 기술

우주 엘리베이터에서 가장 중요한 것은 우주 발사대다. 고도 3만 6,000킬로미터의 우주정거장에서 우주선을 발사하면 지구에서 로켓을 발사하는 것보다 여러 면에서 유리하다. 또한 우주 엘리베이터를 이용하면 지상에서 우주정거장까지 화물을 훨씬 저렴하게 옮길 수 있다. 1회 수송 한도도 로켓은 20톤이지만 우주 엘리베이터는 1,000톤까지 가능하다. 로켓이 발사될 때처럼 무시무시한 진동이나 폭발 위험도 없다. 기존의 로켓 같은 추진 기술로 우주에 나가려면 킬로그램당 2만 달러 이상이 드는데, 우주 엘리베이터는 1킬로그램에 1,000달러면 된다. 이 밖에 핵폐기물 같은 위험 물질을 지구 밖으로 배출하거나 관광용으로도 쓸 수 있다.

지구와 우주를 연결하는 케이블도 굉장히 중요하다. 이 케이블의 재료로는 탄소나노튜브가 꼽힌다. 탄소나노튜브는 잡아당기는 힘에 견디는 강도(인장강도)가 강철의 5분의 1질량으로 강철보다 100나 강하다. 그러나 안정적으로 물체를 끌어올리려면 탄소나노튜브 케이블의 지름이 적어도 1미터는 되어야 하는데, 아직은 1센티미터짜리도 제대로 만들지 못하고 있다.

케이블에는 차량을 연결해 지구와 우주 공간 사이에서 사람과 화물도 실어 나를 것이다. 엘리베이터 차량으로는 자기부상열

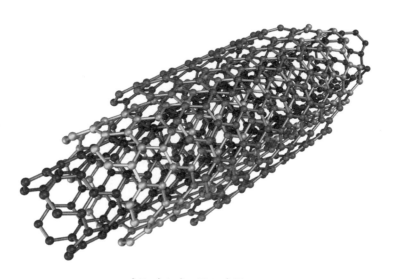

다중 탄소나노튜브의 구조.
가볍고 인장강도가 강한 탄소나노튜브는 우주 엘리베이터 케이블의
재료로 가장 유력하다.

차가 연구되고 있다. 자기부상열차는 고속을 유지할 수 있고 기계적으로 소모되지도 않는다. 전기저항이 사라지는 초전도체의 성질 덕분에 에너지 손실은 거의 없다.

다음으로 필요한 것은 우주 엘리베이터를 작동시킬 에너지다. 학자들은 엘리베이터가 우주 공간에서 작동하려면 지구에서 발사하는 레이저 빔 같은 동력원을 활용해야 한다고 지적한다. 즉, 전력을 빛으로 전송하는 기술이 필요한데, 이 문제는 우주태양발전소와 연계된다.

또 다른 문제는 예기치 않은 사고가 발생할 때 어떻게 감당하느냐다. 우주 엘리베이터에 예기치 않은 사고가 발생할 수 있다. 이때 발생할 엘리베이터 파편은 인공위성이나 로켓 잔해처럼 우주 쓰레기로 변해 지구로 떨어질 수 있다. 대부분 대기권에서 불타 사라지겠지만 작은 파편이라도 지상에 떨어지면 엄청난 충격을 줄 수 있다. 만약 우주 엘리베이터 케이블이 끊어진다면 대형 참사는 불을 보듯 뻔하다.

우주 엘리베이터 프로젝트

2003년 미국에서 열린 제2차 우주 엘리베이터 콘퍼런스에서 브

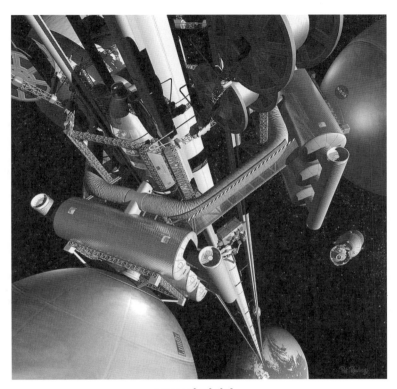

NASA가 제시한
우주 엘리베이터 예상도.

래들리 C. 에드워즈Bradley C. Edwards 박사는 정지궤도 3만 5,800여 킬로미터 상공에 위성을 발사해 폭 90센티미터의 케이블을 적도의 베이스캠프에 늘어뜨리는 모델을 제시했다. 적도는 태풍이 거의 발생하지 않고 번개도 드물어 베이스캠프로 최적이다. 베이스캠프에서 엘리베이터에 약 13톤의 화물을 싣고 케이블을 열차 궤도처럼 이용해 도르래로 우주에 오르는 것이다.

에드워즈 박사가 주도하는 하이리프트시스템은 2005년 우주 엘리베이터용 케이블을 만들어 지상 1.6킬로미터 상공까지 올리는 데 성공했다. 케이블은 3개의 복합탄소섬유 끈을 4장의 유리섬유 테이프 사이에 끼워넣어 만든 것이다. 이 케이블은 종이 6장 두께에 5센티미터 너비로 3개의 기구에 의해 하늘로 솟았다. 로봇 승강기는 케이블을 타고 460미터를 올라가는 데 성공했다.

아직 갈 길이 멀지만, 에드워즈 박사는 우주 엘리베이터 개발은 시간문제일 뿐이라고 말한다. 학자들은 100억 달러 정도만 투자하면 50년 안에 우주 엘리베이터가 완성될 것으로 본다. 물론 '탄소나노튜브가 지금보다 4배 강해진다면'이라는 전제가 붙는다. 매사추세츠공과대학의 제프리 호프먼Jeffrey A. Hoffman 교수는 우주 엘리베이터는 '만약에'의 문제가 아니라 '언제쯤'의 문제라며 그 시간을 당기는 것은 인간의 의지에 달렸다고 말했다.

원자력발전소 대신
우주태양발전소

원자력발전소처럼 복잡한 과정을 거쳐 만들어진 것은 없다. 19세기 말 빌헬름 콘라트 뢴트겐Wilhelm Conrad Röntgen이 X선을 발견했다. 이후 마리 퀴리Marie Curie가 방사능에 관한 이론을 확립한 후 원자력 연구가 폭발적으로 이루어졌다. 미국이 개발한 원자폭탄이 1945년 일본에 떨어지면서 원자력에 대한 반응은 극단적으로 갈렸다.

원자력의 공포를 목격한 사람들은 이를 억제해야 한다고 주장했고, 한편에서는 원자력을 산업에 접목시키며 대중화했다. 이것이 원자력발전소다. 하지만 미국의 스리마일섬과 소련(현 우크라이나)의 체르노빌에서 원자력발전소 사고가 일어나면서 원자력발전소의 위험이 대두되었다. 각국에서 원자력발전소 건설을 포기하는 것은 물론 원자력발전소 가동을 중단하기도 했다. 하지만 전기의 수요가 폭발적으로 증가하는 데다, 화석연료의 고갈과 이산화탄소에 의한 지구온난화가 문제가 커지면서 원자력발전 등 에너지 공급원을 재검토하자는 주장이 제기되었다.

한국에서는 원활한 전기 공급을 위해 짧은 시기에 빠르게 원자력발전소를 건설했다. 현재 한국은 24기의 원자력발전소를 가동하고 있는 원자력 강국으로, 전 세계적으로 원자력발전소를 계속 건설하는 몇 안 되는 나라다.

원자력발전소의 축소 또는 폐쇄는 한국 사회의 뜨거운 감자다. 한국의 1인당 전기 소비는 2000년 5,704킬로와트시, 2010년 9,493킬로와트시로 10년 새 40퍼센트 가까이 늘었다. 정부는 전기 소비량이 2020년 1만 1,800킬로와트시, 2030년에는 1만 3,510킬로와트시로 크게 증가할 것이라 예측했다. 이러한 예측을 토대로 2030년 전력 생산량의 59퍼센트를 원자력발전소가 부담한다는 계획이다.

한국 원자력발전소의 역사는 갈등의 역사다. 방사성 폐기물 처리장 부지 선정에 20여 년이 걸렸으며, 원자력발전소에서 사용한 작업복이나 장갑·교체 부품 등을 저장하는 중저준위 방사성 폐기물 처리장 설치를 놓고도 엄청난 사회적 혼란을 겪었다. 고준위 핵폐기물 문제는 더 큰 갈등을 예고하고 있으며, 2011년 후쿠시마 원자력발전소 사고는 방사능에 대한 공포를 다시금 일으켰다. 스리마일과 체르노빌 사고는 인간의 부주의로 일어났지만 후쿠시마 사고는 자연재해인 지진으로 일어난 것이다. 더구나 2016년 경주에서 규모 5.8의 강진이 일어나자 지진 안전지대라고 알려지던 한국에서 강진이 발생했다는 사실이 큰 충격을 주었다. 경주 지진 이후 원자력발전소 건설을 중지해야 한다는 요구가 높아졌다.

문제는 원자력발전소에서 생산하는 에너지를 대체할 방법이 있느냐다. 즉, 대체에너지로 원자력발전소 전부를 폐기할 수 있을 정도의 에너지를 확보할 수 있는지가 관건이다. 대체에너지가 대용량 전기 생산에 문제가 있다면 그 대안을 찾아야 하는데, 현재로서는 화석연료를 사용하는 것 외에는 방법이 없다.

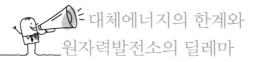

대체에너지의 한계와
원자력발전소의 딜레마

태양광발전이나 지열발전, 풍력발전 등이 대체에너지로 꼽히지만 현재의 기술로는 대체에너지가 원자력발전소처럼 대용량의 에너지를 공급할 수 없다. 적어도 한국의 경우는 그렇다. 한국은 사용 가능한 국토 면적이 한정되어 있어 대체에너지 개발에 불리할 수밖에 없다.

정부는 2020년에는 예상 전기 사용량 9,400만 킬로와트의 9퍼센트인 846만 킬로와트를 재생에너지로 발전하겠다고 계획을 세우고 이를 추진하고 있다. 현재 보급된 실리콘 태양전지를 사용할 경우 일반적으로 1킬로와트를 얻기 위해 33제곱미터의 땅이 필요하다. 846만 킬로와트의 전기에너지를 얻기 위해서는 279제곱킬로미터가 필요하다. 이 면적은 태양전지 모듈을 놓을 장소만 의미하므로 발전을 위한 부대시설 등을 포함하면 실제로는 3~4배의 면적이 필요할 것이다.

남한의 면적은 약 10만 제곱킬로미터로, 이 중 산지가 70퍼센트임을 감안하면 실제 가용 면적은 3만 제곱킬로미터에 불과하다. 이 면적 안에서 거주는 물론 농산물까지 생산해야 한다. 한국의 총 전력 수요량 9퍼센트를 태양광발전으로 공급하려면 국토

태양광발전 패널을 설치한 모습.
태양광발전은 대표적인 재생에너지지만,
충분한 전력을 생산하려면 매우 넓은 땅이 필요하다.

가용 면적의 2.5~3퍼센트를 사용해야 한다는 뜻이다. 풍력발전은 태양광발전보다 3배의 면적이 필요하므로, 풍력으로 이를 해결하려면 전 국토 가용면적의 7.5~9퍼센트를 사용해야 한다. 100만 킬로와트를 생산한다면 태양광발전을 하기 위해서는 33제곱킬로미터, 풍력발전을 하기 위해서는 약 100제곱킬로미터가 소요되는 셈이다.

여기에 또 다른 문제가 닥치고 있는데, 바로 원자력발전소의 수명이 다해가고 있다는 것이다. 원자력발전소의 수명은 대체로 30년을 예상하지만 보수와 정비를 세심하게 하면 50년까지도 연장 운행이 가능하다고 한다. 한국에서 최초로 준공된 고리 원자력발전소 1호는 1978년에 세워져 결국 2017년 영구 폐쇄 결정이 내려졌다. 고리 원자력발전소에 이어 세워진 원자력발전소들도 차례차례 폐쇄될 텐데, 대체에너지가 충분히 발달하지 않는 이상, 필요한 전력을 생산할 원자력발전소를 계속 건설할 수밖에 없을 것이다.

새로운 시대의 대안

원자력발전소는 방사능 문제가 있고, 화력발전소는 화석연료를 사용하는 문제가 있다. 태양광발전 등 대체에너지는 부지 문제가 있다. 그래서 대안으로 우주태양발전소SPSP, Space Solar Power Plant 아이디어가 제시되었다. 우주태양광발전의 기본 개념은 지구 정지궤도에 태양전지 패널을 탑재한 태양발전위성SPS, Space Power Satellite을 쏘아 올려, 태양광으로 전기를 만들어 마이크로파나 레이저로 지상에 송전하는 것이다.

우주태양발전소는 다른 발전 방법을 능가하는 여러 장점이 있다. 첫째로, 발전소가 우주에 떠 있으므로 그림자가 생기지 않아 24시간 발전이 가능하다. 1년에 2번, 춘분과 추분 밤 72분 동안 지구 그림자에 가려지지만, 이때를 제외하면 매일 충분한 태양에너지를 모을 수 있으므로 지상의 태양광발전에 비해 최대 10배의 전기를 생산할 수 있다. 둘째는 마이크로파로 지상에 송전하기 때문에, 대기의 산란과 흡수로 에너지가 감소하는 현상을 최소화할 수 있다. 셋째는 지상과 달리 기후나 날씨에 영향을 거의 받지 않으므로 에너지 저장 기술을 거의 요구하지 않는다. 마지막으로, 태양에너지를 사용하는 청정에너지다.

태양에서 지구 대기층 상부까지 오는 태양에너지 총량은 한국 기준으로 174[18]와트다. 이 중에서 30퍼센트는 반사되어 지구로 들어온다. 과학자들은 지구가 1시간 동안 받는 태양에너지는 전세계가 1년 동안 사용하는 전력과 맞먹는다고 한다. 태양에너지

 NASA가 제시한 태양발전위성의 모습.
우주에서 태양광을 이용해 전기를 생성한 뒤
이를 지구에 보내는 역할을 한다.

는 이렇게 무궁무진한데, 우주 공간에 가로 6킬로미터, 세로 5킬로미터 크기의 태양전지판 4개를 설치하면 1,000만 킬로와트를 생산할 수 있다. 이때 우주발전소의 무게는 약 6만 톤으로 추정한다. 우주태양발전소는 다음 3가지 요소로 구성된다.

- 우주의 태양열을 모으는 태양에너지 집광 장치(태양전지).
- 전력을 지구로 전달하는 수단(마이크로파 또는 레이저).
- 지구에서 전력을 받는 수단(마이크로파 안테나 등).

우주태양발전소는 태양광을 전기로 변환시키는 태양전지를 활용하므로 발전기가 필요 없다. 실리콘 태양전지는 햇빛에 포함된 에너지의 15퍼센트가량을 전기로 바꿀 수 있다고 알려진다. 태양전지판 1개에서 생기는 전압은 0.6볼트고, 발전 용량은 1.5와트 정도다. 태양전지판을 연결해서 모듈을 만들면 태양전지 하나하나의 성능이 조금씩 떨어지므로 모듈을 연결해서 1제곱미터 크기로 만들면 발전 용량 100와트급의 태양광발전기가 된다. 대략 면적 10제곱미터에 1킬로와트의 정격출력을 기대할 수 있다.

우주에서 생산한 전력은 마이크로파 또는 레이저로 발사할수 있는데 우주태양발전소에서 약 1킬로미터 지름의 송전 안테나로 2.45기가헤르츠의 마이크로파를 사용해 지상으로 전력을 송신하며, 다이오드로 연결된 짧은 쌍극 안테나 여러 개로 수신 가능하다. 1993년 실험에 의하면 전리층 내에서 발생하는 에너지 손실은 송전 전력의 1퍼센트 미만에 불과하다고 한다.

우주태양발전소를 건설하려면

한국이 우주태양발전소를 건설하려면 막대한 건설 비용, 낙후된 한국의 우주 기술, 우주태양광발전의 위해성 여부 등을 해결해야 한다. 건설 비용이 얼마나 들지는 일본의 우주태양발전소 건립 계획을 참조해서 계산해볼 수 있다. 일본의 우주항공연구개발기구JAXA는 2040년 100만 킬로와트급의 상업용 우주태양발전소 건설을 목표로 하고 있는데, 이 우주태양발전소의 추정 예산을 24조 원으로 잡았다. 굉장히 비싼 건설비라고 생각할 수도 있지만, 2009년 한국이 아랍에미리트 원자력발전소 4기를 약 45조 원에 수주한 것을 생각해보면 그렇게 비싸다고만 할 수도 없다. 물론 45조 원의 절반이 건설비, 나머지 절반은 운용비였다. 국내에 원자력발전소를 세울 때 드는 보상비와 사회적 비용을 생각하면 우주태양발전소 건설이 오히려 경제적일 수 있다.

한국은 에너지의 약 97퍼센트를 외국에서 수입한다. 에너지

원의 가격 변동에 따라 차이는 있지만, 한국에너지공단의 발표에 따르면 2014년 원유와 석유 제품 1,298억 9,000만 달러, 천연가스 314억 300만 달러, 석탄 121억 1,400만 달러를 수입했다. 총 1,741억 3,700만 달러에 달하며, 전체 수입액의 약 33.3퍼센트를 차지한다. 이 중 70~80퍼센트는 화력발전소를 가동하는 데 사용한다. 우주태양발전소를 건설한다면 화석연료 수입을 크게 줄일 수 있을 것이다.

그러나 우주태양발전소 프로젝트는 기술적인 문제에 봉착한다. 한국의 우주 기술로 우주태양발전소를 건설하는 것이 가능하냐는 것이다. 한국은 아직 인공위성조차 자체적으로 발사하지 못했다. 하지만 한국의 우주 기술은 발전 중이며, 우주태양발전소 건설 같은 대형 프로젝트를 한국 단독으로 진행할 이유도 없다. 원자력발전의 방사능 문제와 화력발전소의 환경오염은 한국만의 일이 아니다. 그러므로 우주태양발전소를 여러 국가가 공동으로 건설하는 것도 충분히 가능하다.

가장 첨예한 문제는 우주태양발전소의 유해성 여부다. 일반적으로 마이크로파에 직접 노출될 수 있는 항공기는 여객기가 전파를 분산시켜주기 때문에 내부 승객은 피해를 입지 않는다. 하지만 대기로 산란되어 퍼지는 강력한 마이크로파가 조류의 방향 감각과 생존에 영향을 주거나 생물에 피해를 줄 수 있다. 또 사람이 마이크로파에 직접 노출된다면 유해할 수도 있다. 더구나 강력한 마이크로파가 지구로 오는 동안 전리층에 이상을 초래해 전 지구적인 문제를 야기할 가능성도 있다. 그러나 학자들은 우주에서 지구로 송전되는 마이크로파는 휴대전화를 받을 때의 전파와 세기가 비슷할 것이라고 설명한다. 거리에 비례해 전자파의 영향이 감소하므로 직접 전자파에 피폭되지 않는 한 괜찮다는 것이다.

한국은 3면이 바다라는 점을 활용해 이 문제를 해결할 수 있다. 태풍의 영향이 비교적 없는 동해에 가로세로 5킬로미터 길이의 거대한 뗏목을 건설하고, 이 위에 수신 시설을 설치해 육지로 송전하는 것이다. 이 시설에 인공지능 로봇을 두고 원격 조정하면 인체에 미치는 마이크로파 영향을 원천적으로 차단할 수 있다. 로봇은 원자력 시설의 점검과 수리, 화재 현장에서의 소화 작업, 해저 석유 개발과 심해 탐사 등 극한 조건에서 진가를 발휘하므로 인간을 대신해 활약할 수 있다.

화성으로
이사 갈 수 있을까?

지구에 언제까지 살 수 있을까?

지금과 같은 발전과 환경오염이 계속된다면 결국 지구는 오염으로 인간이 더는 살 수 없는 행성이 될 수도 있다. 인간이 살 수 없을 정도로 환경이 급격히 나빠질 것으로 예상하는 첫 번째 요인은 인구 증가다. 현재 세계 인구는 약 75억 명이다. 이런 추세라면 2050년 이전에 100억 명에 도달할 것이다. 지구 인구가 100억 명 이상이 되면 심각한 문제가 발생한다. 바로 식량이다. 지구에 있

화성에 혼자 남은 우주 비행사의 생존기를 다룬
SF 영화 〈마션〉의 한 장면.
주인공은 화성에서 농사를 짓는 데 성공한다.

는 모든 사람이 현재 미국인 정도의 식생활을 한다고 가정하면 한 사람당 1년 동안 곡물 0.8톤이 필요하다.

현재 전 세계 곡물 생산량은 약 19억 톤으로 추정된다. 지구 상의 가능한 모든 토지를 경지耕地로 바꾸고 단위 면적당 수확량의 증가를 고려하면 미래의 곡물 생산량은 지금의 4배 가까이증가할 수 있다. 이렇게 되면 총 76억 톤까지 생산이 가능하다. 이를 나누면 100억 명까지 먹여 살릴 수 있다. 하지만 이는 최대치를 예상한 것이며, 인간이 삶의 방식을 바꾸고 자원을 절약한다고 해도 100년 후 지구의 미래는 밝지 않을 것이다. 언젠가는 인간이 지구에서 살기 어려운 때가 도래할 것이다.

지구 환경이 극도로 악화된다면 지구가 자정 능력을 찾을 동안이라도 인간이 살 수 있는 지구 외 공간이 필요하다. 해결책은 지구가 아닌 다른 행성으로 이주하는 것이다. 인간이 살 수 있는 조건에 비교적 가까운 태양계 행성으로 화성이 꼽힌다. 화성은 지구화(텔레포밍) 가능성이 높다. 지구화란 SF 영화나 소설에서 보는 것처럼 우주복을 입고 제한된 공간에서 사는 것을 뜻하지 않는다. 지구에서 인간이 아무런 보호복 없이 활보하는 것처럼, 지구와 같은 환경으로 만드는 것이다.

화성이라는 행성

하늘에서 불규칙하게 움직이는 화성을 고대 사람들은 불길하고 위험한 존재로 생각해왔다. 그리스인들은 화성을 전쟁의 신 아레스와 동일하게 생각했다. 서양권에서는 지금도 화성을 로마신화의 전쟁의 신 마르스Mars의 이름을 따서 부른다. 바빌로니아인들은 화성을 저승의 신 이름을 따서 네르갈이라 불렀고 고대 중국인들은 형혹熒惑이라고 불렀다.

화성은 고대인의 관심을 끈 것만큼이나 현대 과학자들의 관심도 끌고 있는데, 생명체가 있다고 믿을 정도로 지구와 닮았기 때문이다. 화성은 태양에서 평균 거리 약 2억 2,800만 킬로미터 떨어져 있다. 전파가 도달하는 데 10~11분 걸린다. 적도의 반지름은 3,397킬로미터(지구는 6,378킬로미터)이며, 자전축 경사각은 25도(지구는 23.5도), 하루의 길이는 24시간 37분(지구는 24시간)이다. 중력은 지구를 1로 보았을 때 0.38이다. 수소 · 산소 · 질소 · 탄소 · 인 등 생명체 구성의 기본 원소가 갖추어져 있고 사계절이 존재하는 등 환경 조건도 지구와 비슷하다. 공전 주기는 687일인데 타원형 궤도로 태양을 돌고 있어 화성과 지구 사이의 거리가 4,800만 킬로미터 밖에 되지 않을 때도 있다. 이렇게 가까워지는 것은 32년마다 일어난다. 화성에는 지구의 달처럼 포보스와 데이

화성은 산화철로 덮여 있어
붉은색을 띠기 때문에 불 화火 자를 써서 화성이라 부른다.

모스라는 위성 2개가 있다.

화성의 땅과 물

지구와 화성은 태양 주위를 다른 주기로 공전하기 때문에 상당히 장거리를 비행해야 닿을 수 있다. 달까지 여행에는 3일 정도가 소요되지만 화성까지는 8개월 이상이 걸린다. 화성을 방문한 뒤 지구로 귀환하려면 약 15개월을 더 기다려야 한다. 최소 에너지로 비행할 수 있도록 지구와 화성이 배치될 때를 기다려야 하기 때문이다. 결국 화성에 다녀오려면 약 2년 8개월이 걸린다.

화성까지 가는 시간보다 중요한 것은 정착에 필요한 자원을 얻을 수 있는지 여부다. 아폴로 17호는 발사에서 귀환까지 12일이 걸렸다. 약 2년 8개월이 걸리는 화성 탐사에는 달 탐사에 비해 50배 이상의 음식 · 공기 · 물 등 생명 지원 소모품이 필요하다. 화성의 자원을 사용하거나 재생하지 못한다면 이런 소모품을 모두 지구에서 싣고 가야 한다.

하지만 자원 면에서 화성은 여건이 매우 유리하다. 우선 화성의 토양 속에는 칼슘과 유황이 석고 형태로 존재한다. 화성의 진흙 같은 미세한 흙에 물을 섞어 틀에 넣어 말리면 제법 쓸 만한 벽돌이 만들어지고 붉은 석재를 물과 섞으면 회반죽을 만들 수 있다. 화성에서 채취한 석고를 구워 철분이 풍부한 흙먼지와 물을 섞으면 건물 등을 지을 때 필요한 시멘트를 제조할 수 있다. 화성에 있는 자원만 갖고도 인간이 살 수 있는 기초 구조물을 만들 수 있다는 뜻이다. 화성의 붉은 사막에서는 산화철이 출토될 것이다. 철과 시멘트만 있다면 견고한 건축물을 만들 수 있다.

문제는 화성에서 지구로 돌아올 때 우주여행에 필요한 연료를 어디서 공급받느냐는 것이다. 하지만 이 역시 해결 방법이 있다. 화성의 대기는 95퍼센트가 이산화탄소다. 지구에서 가져간 수소로 이산화탄소에 반응을 일으키면 액화산소와 메탄가스를 만들 수 있다.

정말 심각한 문제는 물이다. 어느 곳이든 물이 없으면 인간은 물론 생명체가 살 수 없다. 화성에는 지하에 물이 있을 가능성이 있다. 그동안의 화성 탐사 자료에 의하면 화성의 물은 부존 정도가 아니라 엄청난 양이라고 한다.

1971년 발사한 화성 탐사선 매리너 9호는 다양한 화성 사진 7,000여 장을 보내왔는데 가장 높은 화산인 올림푸스산은 높이가 20킬로미터 이상이고 매리너스 협곡은 길이가 4,500킬로미터에 달한다. 거대한 협곡과 눈물 모양의 섬은 과거 화성에 거대한 홍수가 났었다는 증거다. 미국의 닐 콜먼Neil Coleman 박사는 화성의

1999년 촬영한 화성 북극의 빙관.
과거 화성에는 물이 흘렀다.

크리세 평원에 나타난 거대 협곡들을 조사한 결과, 방대한 양의 물이 아니면 만들 수 없는 것이라고 주장했다. 애리조나주립대학의 짐 벨Jim Bell 교수는 현재까지 밝혀진 화성의 자료를 토대로 화성의 생성 초기에는 생명이 살 만한 환경이었다고 단언했다.

20~30억 년 전에는 화성에 웅덩이, 개천 등이 존재했고 짧은 기간 내리는 홍수가 있었을 것이다. 그리고 이들이 사라지면서 건조화가 되풀이되었다. 아주 짧은 기간 동안이지만 대양이 존재했을 가능성도 있다. 대양이 존재했다면 따뜻하고 습했을 것이며, 그렇다면 화성에 생명체가 존재했거나 존재할 가능성이 있다. 화성에서 물을 확보한다면 생존에 필요한 문제는 거의 해결된 것이나 마찬가지다. 화성의 동토층을 분쇄해 물을 추출하기 위한 장비만 갖고 가면 된다.

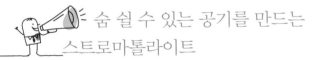

숨 쉴 수 있는 공기를 만드는 스트로마톨라이트

마지막 남은 문제는 화성의 대기를 지구와 같은 대기로 만드는 것이다. 화성의 지구화도 과거 지구처럼 시아노박테리아(남조류)를 활용하는 것이 유효하다. 학자들은 지구의 원시대기는 현재와

딴판으로, 산소가 충분하지 않아 생명체가 살 수 없는 조성이었다고 추정한다. 오늘날의 대기는 약 80퍼센트의 질소N_2와 약 20퍼센트의 산소O_2를 포함하고 있다. 대기 중의 탄소는 소량의 이산화탄소CO_2 형태로 존재한다. 지질학자들은 지구의 조성으로 보아 원시대기에는 산소가 거의 존재하지 않았을 것이라 추측한다. 대기 중 산소는 수증기의 분해로 생겼을 가능성이 높다.

수증기에서 산소가 생겨날 방법은 2가지다. 첫째는 태양의 강한 자외선이 대기 상층에 있는 수증기 분자에 작용해 산소와 수소를 분리시키는 것이다. 하지만 수증기의 광화학적 분해로 45억 년 동안 축적되었을 산소는 현재 대기 중의 산소보다 현저하게 적은 양밖에 되지 않는다. 즉, 다른 방법으로 산소가 충당되어야 한다는 것이다.

둘째 방법은 광합성이다. 조류藻類와 육상식물은 막대한 산소를 생성한다. 그런데 식물이 지구에 태어난 것은 10억 년 정도 전이다. 그러므로 원시 지구에 산소를 공급한 것은 조류의 광합성이라고 추정할 수 있다.

지금은 지구에 수많은 생물이 살고 있지만, 지구에 생물이 태어난 초창기의 악조건에서는 박테리아와 일부 미생물만 살아남을 수 있었을 것이다. 그 악조건에서 생존해 지구를 산소화시킨 것은 시아노박테리아의 퇴적 화석인 스트로마톨라이트Stromatolite

다. 스트로마톨라이트는 선캄브리아대 초기에서 현세까지, 약 35억 년간의 모든 지층에서 산출되는데, 화석 기록으로 보아 번영 시기는 약 4억 7,000만~16억 5,000만 년 전으로 보인다. 일반적으로 스트로마톨라이트는 고생대 이전 즉, 시생대와 원생대의 지층에서 식별할 수 있는 유일한 화석이다.

스트로마톨라이트는 호주의 서부 샤크만Shark Bay의 하메린풀Hamelin Pool을 중심으로 현재도 계속 생명 활동을 하면서 산소를 배출하고 있다. 이들은 따뜻한 바다의 수심 5미터 정도인 곳까지 분포하는데 물이 투명한 곳에서는 산소 기포가 올라오는 모습도 볼 수 있다. 돌처럼 보이지만 제곱미터당 36억 마리의 생명체가 있는 것으로 추정한다.

칼 세이건Carl Sagan은 화성의 대기를 지구 대기처럼 만들 수 있는지 실험해보았다. 세이건은 화성의 대기와 똑같은 환경을 만들어 실험했는데, 시아노박테리아가 급속하게 증식했다. 어떤 실험에서는 시아노박테리아 세포 100만 개마다 산소를 매일 380퍼센트나 증가시켰다.

시아노박테리아가 화성에서 본격적으로 증식한다면 화성의 대기 중에 잡혀 있던 태양광선의 자외선이 우주로 방출되고, 대기 아래쪽의 온도는 내려가며 수증기는 물방울이 될 것이다. 화성 표면에 다량의 비가 내려 하천이나 호수가 되면 화성의 지표 온도는 20~25도가 될 것이다. 이후 지구에 사는 동식물 중 진화된 순서대로 생물체를 이주시킨다. 이렇게 하면 화성의 지구화를 무척 빠르게 재현할 수 있다. 세이건의 예측에 의하면 시아노박테리아로 화성을 지구화하는 데 300년밖에 걸리지 않는다고 한다. 한 사람에게는 긴 시간이지만 화성이라는 행성을 생명이 살 수 있게 만드는 데 걸리는 시간이라고 생각하면 결코 길지 않다.

한국에도 시아노박테리아가 살았다. 인천광역시 옹진군에 있는 소청도에는 8억 4,000만 년 전의 스트로마톨라이트 화석이 있다. 탑동 포구의 남쪽에 해안을 장식하는 하얀 돌들이 보이는데 마치 분칠한 듯하다 해서 분바위라 불린다. 소청도의 스트로마톨라이트는 맑은 흰색으로 보이는데 일제강점기에 대리석 광산으로 개발되어 총독부 건물의 바닥 재료로 사용되는 등 1970년대까지 채취되어 원형이 많이 훼손되었다. 스트로마톨라이트가 있는 소청도는 과거에는 출입 통제 구역이었으나, 1980년대부터 해제되어 쾌속정이 다니고 있다.

스트로마톨라이트는 소청도 외에 강원도 태백시 부근, 경상남도 진양 · 하동 · 사천, 경상북도 경산 · 군위 · 영월 등에도 분포한다. 강원도 영월군 북면 문곡리의 건열 구조와 스트로마톨라이트는 다소 연대가 늦어 약 4~5억 년 전에 생긴 것이다. 건열 구조는 얕은 물 밑에 쌓인 퇴적물이 물 위로 나와 마를 때, 퇴적물이

스트로마톨라이트는
시아노박테리아의 퇴적 화석이다.

굳으며 생긴 것으로, 과거 얕은 바다였다는 것을 알려준다.

화성의 지구화는 이미 시작되고 있다. 애리조나대학에서는 연료전지의 원리를 역이용해 이산화탄소로 산소를 만드는 '산소 생산 시스템'을 개발했는데, NASA는 앞으로 발사하는 모든 화성 탐사선에 이 장비를 싣고 가서 화성에서 산소를 만드는 작업을 수행하겠다고 발표했다. 인간이 화성에서 산다는 것이 꿈같은 일만은 아니다.

곤충으로
식량문제를 해결한다

곤충은 인류의 중요한 먹을거리

나는 여러 나라를 방문할 기회가 많은데, 특별한 일이 없으면 국
립박물관을 제일 먼저 찾아간다. 그러나 박물관만 보아서는 그
나라를 제대로 이해할 수 없기 때문에 그 나라 사람들이 무엇을
먹는지 관심을 갖게 되었다.

인도차이나반도를 비롯해 많은 나라에서는 놀랍게도 곤충
이 보편적인 식재료로, 종류도 매우 다양하다. 매미 · 귀뚜라미 ·

메뚜기 · 딱정벌레 · 물방개 · 땅강아지 · 전갈은 물론 거미 · 바퀴벌레 등 헤아릴 수 없을 정도로 많은 곤충이 식재료로 판매되고 있다. 곤충에 따라 먹는 방법도 달라 다리 · 껍질 · 머리 등을 떼고 먹기도 하고 튀김으로 먹거나 요리에 넣어 먹기도 한다. 때로는 날것으로 먹기도 한다. 바퀴벌레나 거미를 먹는다니 징그럽다고 할지 모르지만 단백질을 공급하는 영양원으로 이보다 좋은 것이 없다.

곤충을 음식으로 사용한 예는 고대 문헌에 수없이 나온다. 그리스에서는 메뚜기를 최상으로 여겼고 로마시대에는 풍뎅이와 사슴벌레 요리를 별미로 여겼다. UN의 FAO(식량농업기구)에 따르면 아프리카 · 중남미 · 아시아 등 90개국에서 개미 · 굼벵이 · 메뚜기 · 전갈 등 1,400여 종의 곤충과 연충을 먹는다고 한다.

곤충이 식탁에 오르는 것은 선진국도 예외는 아니다. 미국의 많은 곳에서 전갈 요리가 팔리고 호주에서는 나방 애벌레를 튀겨 식물성 기름이나 크림, 치즈를 곁들여 먹는다. 일본에서도 꿀벌의 애벌레나 메뚜기, 귀뚜라미를 먹는다. 태국에서는 레몬주스보다 개미 주스가 인기를 끌고 있으며, 중국은 못 먹는 곤충이 없을 정도로 다양한 곤충을 식탁에 올린다. 한국도 메뚜기, 번데기를 먹는다.

곤충의 생존력

현재 지구상의 생물은 아메바부터 인간까지 약 150~200만 종 이상으로 추정된다. 그중 80퍼센트가 곤충이다. 실제로 지구를 석권하고 있는 것은 곤충일지도 모른다.

곤충은 육상과 민물의 거의 모든 곳에서 발견되지만 바다에 사는 종은 굉장히 드물다. 하지만 원래 곤충의 고향은 바다다. 약 5억 년 전 고생대인 캄브리아기에 최초의 육상식물인 이끼류가 강가와 바닷가에서 자라기 시작했고 곧이어 곤충이 상륙하기 시작했다. 곤충은 육지에 상륙하자마자 엄청난 진화를 거쳐 지상을 석권했다.

곤충이 지상에 성공적으로 적응할 수 있었던 이유는 바닷속에 살던 절지동물이 껍질 속에 몸을 집어넣도록 변화하면서 건조한 지역에서도 살 수 있게 되었기 때문이다. 껍질이 있는 곤충은 건조한 공기 속에서도 탈수가 일어나지 않도록 몸을 보호할 수 있었다. 게다가 그들이 상륙한 육지는 생존 여건이 매우 좋았다. 소수의 종만 육상에 살고 있는데다, 날아다닐 수 있게 진화하면서 포식자에게서 쉽게 도망칠 수 있었다. 이동도 쉽게 할 수 있었으므로 생태계에서 우위를 차지했다.

메가네우라Meganeura는 현재의 잠자리와 생김새가 매우 비슷

메가네우라는 지금의 잠자리보다 훨씬 크지만, 형태는 유사하다.
바퀴벌레를 비롯해 몇억 년 전에 살았던 곤충들은
뛰어난 적응력과 생존력으로 지금까지 살아남았다.

한데, 몸길이는 약 40센티미터, 양쪽 날개를 다 펴면 70센티미터까지 되었다고 한다. 이와 같이 곤충이 거대해진 것은 온난한 기후에 습기가 많고 산소까지 많아 살기 좋았기 때문이다. 그러나 산소량이 점차 줄어들면서 거대 곤충은 사라졌다.

하지만 이 시기에 살았던 곤충 중에 현재도 살아남은 것이 있는데, 바로 바퀴벌레다. 바퀴벌레는 고생대 석탄기(2억 9,000만 ~3억 6,000만 년 전)에 나타나 지금까지 살아 있는 화석과 같은 생물이다. '살아 있는 화석' 또는 '화석 생물'이라고 부른다.

지구에서 일어난 수많은 격변 속에서 다른 동물은 대부분 멸종했는데 곤충들은 멸종하지 않고 살아남았다. 장구한 시간 동안 멸종되지 않고 살아남을 수 있었던 것은, 자신들만의 특성이 있었기 때문이다. 일반적으로 한 종의 생존 기간을 약 400만 년으로 간주하는데 바퀴벌레 등 수많은 곤충이 몇억 년이나 지구상에 살고 있다는 것은 각종 악조건에 대항한 특수한 능력이 있었기 때문이라고 볼 수 있다.

곤충은 극한 상황에서 생명을 보존하는 능력이 탁월하다. 추우면 땅속이나 목재 속으로 들어가고 상황에 따라 알이나 번데기의 형태로 월동하기도 한다. 아무리 폭풍이 불어도 나무에 붙어 살아남고, 비가 많이 와도 나무 잎사귀 아래에서 비를 피한다.

곤충은 인류의 미래 식량

근래 곤충은 미래 식량으로 각광받고 있다. 곤충을 식량으로 사용하면 인구 증가에 따른 식량문제를 획기적으로 해결할 수 있다. 곤충은 열악한 환경에서도 생존해 자손을 퍼뜨린다. 곤충의 가장 큰 특징은 알껍데기가 단단해 알을 아무 장소에나 두어도 살아남을 수 있다는 점이다. 곤충의 알은 형태가 단순했지만 3억 년 이상 진화하면서 다양한 형태로 변모했다. 흙처럼 보이는 알도 있고 식물처럼 보이는 알도 있다. 곤충의 알을 발견하더라도 알아채지 못하는 경우가 허다하다. 모양이 독특할 뿐만 아니라 여러 장식과 기관으로 이루어져 있다.

『월스트리트 저널The Wall Street Journal』은 식용 곤충의 장점을 다음과 같이 소개했다. 단백질이 풍부하고, 지방이 적으며, 비타민 B가 많다. 철분은 물론 혈당을 낮추는 아연과 같은 미네랄이 풍부하다.

무엇보다 중요한 장점은 경제성이다. 곤충은 생산 면에서 장점이 많은데, 변온동물이기 때문에 돼지나 소처럼 체온을 유지하기 위해서 먹이를 많이 먹지 않아도 된다. 몸무게 1킬로그램을 늘리려면 소는 10킬로그램, 돼지는 5킬로그램, 닭은 2.5킬로그램의 사료를 먹어야 한다. 반면 귀뚜라미는 1.7킬로그램이면 충분하다. 또한 좁은 면적에서 많은 수를 키울 수 있다. 쉽게 말해서 '가성비'가 뛰어나다.

스위스 과학자 맥스 클라이버Max Kleiber는 체중 500킬로그램의 소 2마리와 체중 1그램짜리 메뚜기 100만 마리(총체중은 1톤으로 같다)의 먹이를 비교한 결과, 메뚜기의 생산성이 5배라고 발표했다. 더구나 곤충은 가축보다 물을 덜 소비하므로 키우기 쉽고 배설물도 덜 분비한다. 가축을 사육할 때보다 메탄가스 배출량이 10배 줄고 산화질소 배출량도 300배나 적다. 온실가스 배출 저감에도 도움이 된다.

곤충의 또 다른 장점은 모든 부분을 먹을 수 있다는 점이다. 가축은 가공 처리 후 먹지 못하고 버리는 부분이 돼지는 30퍼센트, 닭은 35퍼센트, 소는 45퍼센트, 양은 65퍼센트나 되지만 곤충은 먹겠다는 마음만 먹으면 100퍼센트를 먹을 수 있다.

영양도 풍부해 돼지·소·닭·오리보다 영양가가 높다. 건조된 유충(애벌레) 100그램은 430킬로칼로리에 달하며 약 53그램의 단백질을 함유하고 있다. 또한 하루에 필요한 미네랄과 비타민도 충분히 섭취할 수 있다.

더러운 곤충을 어떻게 먹느냐고 말하겠지만 진실은 정반대다. 일부 곤충이 세균을 옮기기는 하지만 수많은 곤충 중 0.5퍼센트만이 인간을 비롯해 농작물에 해를 끼치며 다수의 곤충은 인체에 치명적인 병원균을 갖고 있지 않아 소·개·돼지보다도 덜 해롭다. 국립수목원 변봉규 박사는 모기·파리·구더기 등은 더러운 곳에 살지만 다수의 곤충은 숲 등 자연 생태계에 살고 있으므로 모두 더럽지 않다고 말했다.

곤충은 식감도 나쁘지 않다. 과자는 바삭한 식감이 중요하다. 입안에서 바삭바삭 기분 좋게 부서지는 과자를 개발하기 위해 제과업체는 연구에 연구를 거듭한다. 바삭하다고 끝이 아니다. 바삭하되 딱딱하지 않아야 한다. 씹다 보면 어느새 사르르 녹아 없어지는 부드러움과 가벼움도 겸비해야 한다. 그래야 오래 씹어도 이가 아프지 않다.

인간이 이런 식감을 좋아하는 것은 수백만 년 동안 진화하는 과정에 경험으로 습득한 지식이 DNA에 새겨져 있기 때문이다. 그런데 천연 음식 중에서 과자와 가장 식감이 비슷한 것은 곤충이다. 곤충은 껍데기가 바삭하고 속은 부드럽다. 인류가 바삭한 음식을 좋아하는 것은 오래전 곤충을 식량으로 활용하던 습관 때문이라고 분석하기도 한다. 먼 과거는 물론이고 지금도 벌레를 식용하는 인구가 20억 명이나 된다. 한국인은 번데기와 메뚜기를 즐겨 먹는다.

문제는 곤충 식용에 대한 혐오감이다. 하지만 이 역시 의외로 쉽게 해결될 것으로 추정한다. 메이저리그의 시애틀 매리너스

식용 곤충과 곤충을
이용한 다양한 요리.

는 멕시코 사람들이 즐겨 먹는 메뚜기 볶음인 차풀리네스 chapulines를 2017년 세이프코 필드에서 선보였는데 뜻밖에 히트를 쳤다. 차풀리네스가 인기를 끈 것은 메뚜기가 글루텐이 없는 건강식임을 강조하고 핫도그나 팝콘과는 다른 미식 스낵이라고 소개했기 때문이다. 낯설거나 혐오스러운 음식이라도 경제적이거나 건강에 좋다거나 맛이 뛰어나면 받아들여질 수 있다는 것을 보여준 사례다.

덴마크 코펜하겐에 있는 세계 최고급 식당인 노마Noma에서는 샐러드에 레몬즙 대신 붉은 개미를 올려 신맛을 낸다. 레몬보다 코펜하겐 인근 흙에서 잡은 개미에서 좋은 신맛이 나기 때문이다. 곤충이 인간의 식생활을 담당한다면 바퀴벌레 햄버거, 매미 샌드위치, 거미 만두, 귀뚜라미 스파게티, 굼벵이 빈대떡, 곤충 모듬 피자 등도 등장할지 모른다. 한국인이 좋아하는 번데기도 세계에 퍼질 날이 멀지 않은 것 같다.

식물에서 자라는
플라스틱

어느 날 석유가 사라진다면?

2011년 『내셔널지오그래픽National Geographic』은 매우 흥미로운 질
문을 던졌다. 어느 날 갑자기 석유가 사라진다면, 어떤 일이 벌어
질까? 석유가 완전히 사라져도 인간은 멸망하지 않지만, 석유로
얻은 풍요로운 물질문명은 포기하고 엄청난 불편을 감수해야 한
다. 그런데 인간이 석유 없는 세상에서 마주칠 가장 큰 불편 중 하
나는 플라스틱의 부족이다.

플라스틱은 현대 문명의 총아라 할 수 있는 고분자화합물로, 대부분 석유나 석탄으로 만든다. '조물주가 세상을 만들 때 유일하게 빼먹은 것'이라는 평가를 받는 플라스틱이 발명되지 않았다면 지구상의 산림과 철 매장량이 반으로 줄거나 인구가 반으로 줄었을 것이다.

우리 주변의 여러 물건은 대부분 플라스틱으로 대체되었다. 플라스틱은 고무 · 목재 · 금속 등의 대용품으로 가전제품 · 생활용품 · 가구 · 건축재 · 전기용품은 물론 비닐 · 합성섬유에 이르기까지 널리, 그리고 다양하게 쓰인다. 현대인은 플라스틱의 더미에 묻혀 살고 있는 셈이다.

화석연료의 9퍼센트가 화학 산업에 사용되고 있는데, 이 중 절반 이상이 플라스틱을 생산하는 데 쓰인다. 플라스틱의 한 종류인 PVC는 전 세계적으로 해마다 1,800만 톤이 생산되는데, 여기에 소요되는 화석연료가 800만 톤이나 된다. 전 세계에서 플라스틱을 만드는 데 사용하는 석유와 가스 등이 연간 2억 7,000만 톤에 달한다. 이 말은 플라스틱이 화석연료에 기반을 두므로 한정된 화석원료를 고갈시킨다는 뜻이다. 플라스틱을 만드는 과정에서 위험한 화학물질을 내뿜기도 한다. 토양에서 잘 분해되지 않으므로 환경에 상당한 부담을 주는 애물단지이기도 하다.

썩지 않는 플라스틱

학자들은 생명공학으로 플라스틱의 문제점을 해결할 수 있다고 본다. 플라스틱의 가장 큰 문제는 썩지 않아 환경문제를 유발한다는 것이다. 플라스틱은 가볍고 견고하면서 다양한 색깔과 형태로 가공할 수 있고, 장기간 보관이 가능하다. 하지만 그만큼 잘 분해되지 않아 공해의 원인이 된다. 버려진 플라스틱, 특히 농업용으로 사용되는 폴리에틸렌 필름은 식물의 성장을 방해해 환경 파괴의 주범으로 꼽힌다.

그러나 엄밀하게 따지면 플라스틱이 썩지 않아 환경을 파괴하는 것은 아니다. 대지를 구성하는 돌이나 흙도 썩지 않지만 아무도 돌멩이를 환경오염 물질로 생각하지 않는다. 반면 목장에서 배출하는 축산 폐수는 잘 썩는데도 한꺼번에 너무 많은 양이 배출되기 때문에 환경오염 물질이 된다. 플라스틱이 공해의 요인으로 꼽히는 것은, 썩지 않기 때문이 아니라 무분별하게 사용하고 자연에 방치해 부작용을 낳기 때문이다.

학자들은 일정 조건에서 분해되는 '썩는 플라스틱'을 제시했다. 그러나 이 역시 궁극적인 대안은 되지 못하는데, 분해되는 플라스틱을 사용할 수 있는 범위가 제한적이기 때문이다. 어느 날 갑자기 플라스틱으로 만든 자동차 범퍼가 녹아내리거나 바지

 플라스틱은 쓰레기 중 상당량을 차지하는데,
썩지 않고 방치되어 심각한 환경문제로 꼽힌다.

의 플라스틱 단추가 녹거나 창고에 쌓아둔 음료수 페트병에 구멍이 생긴다면 일상생활은 엉망진창이 될 것이다.

분해되는 플라스틱은 햇빛에 오래 노출하거나 습기가 있는 곳에 오래 둘 경우에만 분해되어야 하는데 현재와 같은 쓰레기 매립 방식으로는 잘 분해되지 않는다. 현재의 매립 방법은 침출수나 가스 등 쓰레기가 분해되면서 발생할 수 있는 건강 피해를 최소화하는 데 역점을 두기 때문이다. 즉, 매립장은 쓰레기가 빨리 분해되지 않게 공기와 습기를 차단하도록 고안된다. 이는 분해되는 플라스틱이라도 분해 여건이 맞지 않으면 효용이 없다는 것을 의미한다. 물론 일부 분야에서는 친환경 플라스틱이 성공을 거두고 있다. 수술용 실 등에는 생분해성 지방족 폴리에스테르가 사용되고 있다. 하지만 이것을 모든 플라스틱 제품에 적용할 수는 없다.

옥수수로 만드는 플라스틱

썩는 플라스틱을 만든다고 해도, 플라스틱의 원료가 화석연료라는 문제가 남는다. 이를 해결하기 위해 화석연료가 아닌 콩·옥수수·감자 등에서 플라스틱 원료를 찾아내는 연구가 계속되고 있다. 이를 바이오테크놀로지biotechnology의 일환인 '바이오매스 플라스틱' 또는 '플라스틱 식물'이라고 부른다. 플라스틱 식물은 제4차 산업혁명 시대를 대표할 기술 중 하나로 꼽힌다.

대부분의 식물은 화학물질을 생산하는 소형 공장을 갖고 있다. 식물은 해충이나 질병, 자외선을 막기 위해 자체적으로 화학물질을 만드는 능력을 지니고 있으므로 이를 이용하면 식물에서 플라스틱의 원료로 사용할 수 있는 다양한 화합물을 생산할 수 있다. 방법은 생각보다 간단하다. 플라스틱 원료 중 하나인 폴리하이드록시 뷰틸레이드를 생산하는 미생물에서 유전자를 분리해 이를 적당한 식물이 생산하도록 하면 된다. 대상 식물로는 생존력이 강한 옥수수 · 콩 · 감자가 꼽힌다. 이들의 주성분은 탄수화물인데, 식물의 탄수화물을 변화시켜 플라스틱을 만든다면 공해를 유발하지 않을 것이다. 학자들은 식물을 이용해 플라스틱은 물론 잉크 · 디젤유 · 윤활유 등의 생산도 가능하다고 전망한다.

위스콘신대학 매디슨의 제임스 듀메식James A. Dumesic 교수는 옥수수에서 추출한 당을 물에 탄 후 유기용매와 섞고 가열해 설탕에서 3개의 물 분자를 떼어내 석유와 분자구조가 비슷한 HMFhydroxymethylfurfural를 만들었다. HMF는 석유처럼 다양한 화합물을 만들 수 있으며, 연료로 가공할 수 있다. 옥수수의 당을 이용해 플라스틱이나 자동차의 연료를 만드는 길이 열린 것이다.

실제로 미국 중부의 옥수수 농장은 플라스틱 공장이라 말해도 과언이 아니다. 광활하게 펼쳐진 유전자조작 옥수수 농장은 대량의 플라스틱 원료를 공급한다.

인류의 미래가 걸린 플라스틱 식물 농장

거대 농업 회사인 카길과 화학 회사 다우케미칼은 연합해 카우다 길폴리머LLC(카길다우)를 세웠다. 카길다우는 옥수수와 밀 등의 하이드록시 지방산에 산소 등을 넣은 플라스틱 첨가제 PLA polylatic acid를 생산하고 있다. PLA는 옥수수에서 나오지만 밀이나 벼에서도 얻을 수 있으며 특수필름 · 식품 포장 · 병 · 발포제 · 섬유 등의 재료로 사용된다.

ICI(임페리얼 케미컬 인더스트리)도 식물 당분을 이용한 천연 플라스틱인 PHApolyhydroxyalkanoates를 개발했다. 식물 당분으로 만든 PHA는 영양이 함유된 물질에 반응해 독특한 과립상의 함유물로 축적되는데 당분이 곧바로 천연 폴리에스터가 되는 셈이다.

바이오테크놀로지 분야의 거대 기업인 몬산토도 유전자조작으로 플라스틱 생산 식물을 개발했다. 몬산토는 플라스틱을 생산하는 박테리아의 유전자를 다양한 유지종자oilseed 식물에 이식했다. 식물을 발효 과정이 필요 없는 플라스틱 생산 공장으로 만든 것인데, 상업 경쟁력이 높다고 한다. 박테리아는 탄소를 먹이로 하며, 탄소는 포도당 형태의 곡물이 필요하다. 식물은 탄소를 공기에서 획득하므로 플라스틱 제조 단가를 획기적으로 낮출 수 있다.

아직까지 생물공학적 플라스틱은 석유화학 제품에 비해 경쟁력이 떨어진다. 아무리 저렴한 유전자조작 식물을 재료로 사용한다고 해도, 후처리 과정에 드는 비용이 만만치 않기 때문이다. 작물을 수확하고, 줄기를 말리고, 줄기에서 필요한 성분을 빼내고, 용매를 축출해 순환시키는 등의 과정에서 석유화학 제품보다 많은 화석연료를 필요로 한다.

몬산토의 최신 기술을 이용해도 PHA 1킬로그램을 얻는 데 2.65킬로그램의 화석연료가 들어간다. 같은 양의 폴리에틸렌은 2.2킬로그램의 기름과 천연가스로 만들 수 있다. 화석연료의 고갈에 대비해 개발하는 천연 플라스틱이 오히려 화석연료의 고갈을 앞당기는 아이러니가 일어나고 있는 것이다. 하지만 이 문제는 조만간 해결될 것으로 보인다. 생물공학적 플라스틱 시장은 미국과 유럽을 중심으로 확대될 전망이다. 인류의 미래가 거기에 있기 때문이다.

파란 장미를
볼 수 있을까?

신비로운 파란 장미

유전자 연구가 진척되면서 불가능하다고 알려졌던 것들도 이루
어지고 있다. 새로운 종의 식물을 만드는 것은 물론, 멸종된 매머
드도 복제할 수 있을 것으로 추정한다. 하지만 아직까지 파란 장
미는 나오지 않았다. 사람들의 염원에도 파란 장미는 개발되지
않아 영어로 파란 장미blue rose는 '있을 수 없는 것', '불가능한
것'이라는 뜻이 있을 정도다. 유전자 합성 방법은 그동안 부단히

연구되었으며 특이한 식물이 수없이 만들어졌음에도 유독 파란 장미를 만들 수 없다는 것이 쉽게 이해되지 않는다. 장미는 기원전 2000년경부터 재배되어 오면서 수많은 교잡을 거쳐 현재는 2만여 종이나 된다. 그런데 2만 종에 달하는 장미 중 파란 장미는 없다.

물론 파란 장미를 시중에서 구입할 수 있다. 하지만 이것은 장미에 파란 색소를 넣은 것이다. 흰 꽃을 피우는 장미나 국화, 카네이션 등의 줄기를 잘라 색소를 탄 물에 꽂으면 색소를 빨아들여 새로운 색의 꽃이 된다. 색소가 물관을 타고 올라가 꽃잎의 색을 바꾼 것이다. 꽃잎마다 색이 다른 장미, 온도에 따라 색이 변하는 장미, 밝을 때 빛을 저장했다가 어두울 때 빛을 내는 야광 장미도 이런 방식으로 만들 수 있다.

왜 파란 장미만 없을까?

식물은 노란색의 카로티노이드carotenoids와 붉은색의 안토시아닌anthocyanin이 어우러져 아름다운 색깔을 낸다. 카로티노이드는 당근이나 귤의 색깔을 낸다. 식물의 엽록소를 빼면 황갈색으로 보이는데, 물에 분해되지 않는 섬유질로 이루어진 카로티노이드만

남기 때문이다. 따라서 초록색 잎이 시들면 누런색으로 변한다. 또한 카로티노이드는 동물의 소화기관을 통과해도 색이 바래지 않는다. 동물의 배설물이 누런색을 띠는 것도 이 때문이다.

안토시아닌은 고등 식물의 잎 · 줄기 · 뿌리 · 꽃 · 과일 등에 생기는 수용성 물질로 식물의 색깔을 정하는 데 매우 중요한 역할을 한다. 연분홍색에서 빨강 · 보라 · 남색까지 다양한 색을 만들어내기 때문이다. 주로 과일과 꽃에 많은데, 항상 세포의 액포液胞 속에 들어 있다. 안토시아닌은 라틴어로 꽃을 뜻하는 'anthos'와 푸르다는 뜻의 'kyanos'가 합쳐져서 이루어진 말이다. 안토시아닌이 많이 든 과일은 색깔로 동물을 유인해 과실을 먹게 해서 씨앗을 퍼뜨리고, 꽃의 색은 곤충을 끌어들여 수분受粉하게 한다. 여린 이파리에 든 안토시아닌은 강한 자외선을 막는 햇빛 가리개 역할을 한다.

안토시아닌은 세포 속에 생기는 활성산소를 없애는 항산화제로 작용한다. 그래서 안토시아닌이 많이 든 블루베리 · 체리 · 흑미黑米 · 포도 · 붉은 양배추가 사람 몸에 좋다고 하는 것이다. 안토시아닌이 가장 많이 든 것은 검정콩이라 하며, 가을 단풍이 붉은 것도 안토시아닌 때문이다. 안토시아닌의 붉은색과 엽록소의 녹색이 어우러지면 검붉은 보라색이 되는데 녹색에서 붉은색으로 익어가는 고추가 엽록소와 안토시아닌이 나타내는 색을 잘

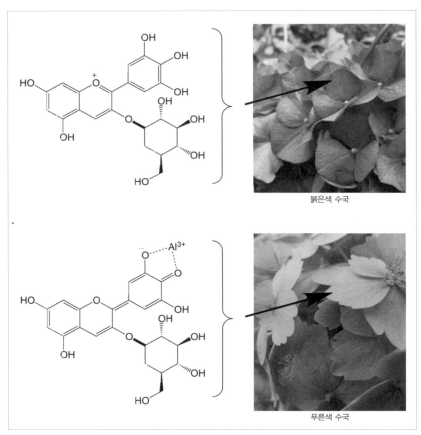

붉은색 수국

푸른색 수국

수국은 토양의 산성도에 따라 색깔이 바뀌는 대표적인 꽃이다.
다른 꽃과 달리 수국은 알루미늄의 영향으로 흙이 산성일 때 파란색,
알칼리성일 때 붉은색을 띤다.

보여준다.

한편 무색의 플라보노이드액flavonoides 안에는 물에 잘 녹는 3가지 색소가 들어 있다. 당분을 포함한 분홍색 도는 붉은색의 시아니딘cyanidin, 짙은 주황색의 펠라르고니딘pelargonidin, 연한 파란색의 델피니딘delphinidin 등이다. 이들은 디하이드록시캠페롤DHK 이라는 유기화합물이 다른 효소와 반응해 만든다.

자연에서 일반적으로 파란색을 띠는 색소는 시아니딘과 델피니딘이다. 특히 델피니딘은 파란 색소의 중심 성분으로, 파란색 꽃의 90퍼센트는 델피니딘이 들어 있다. 그런데 장미에는 델피니딘이 전혀 함유되어 있지 않다. 델피니딘이 조금이라도 함유되어 있다면, 인위적으로 교배를 거듭해 델피니딘이 많이 함유된 꽃을 만들 수 있을 것이다. 그러나 장미처럼 델피니딘이 전혀 없는 종은 교배를 반복해도 파란 꽃을 만들 수 없다.

파란 장미를 만들기 어려운 또 다른 이유는 델피니딘이 산도 6~7 정도의 액포 속에서 생성된다는 사실이다. 장미의 액포 속 산도는 4.5~5.5 정도밖에 되지 않는다. 대체로 산성 토양에서 자란 꽃은 붉은색을 띠고, 알칼리성 토양에서 자란 꽃은 파란색을 띠는 것도 이 때문이다.

파란 장미를 향한 불굴의 의지

그런데도 그동안 파란 장미가 등장했다는 소식은 꾸준히 발표되었다. 1945년 파란 장미 제1호인 '그레이 펄'이 등장했고, 1957년에 '스털링 실버', 1964년에 '블루 문'이 등장해 장미 애호가들을 기쁘게 했다. 그러나 이것들은 엄밀한 의미에서 파란 장미는 아니다. 연보라색을 띠고 있지만 파란색으로도 보이므로 파란 장미로 간주한 것이다.

　꽃에서 파란색 효소의 합성을 이끌어내는 유전자를 블루진blue gene이라고 부른다. 학자들은 다른 종류의 파란 꽃에서 블루진을 분리해 장미 유전인자에 이식한다면 파란색 유전자를 가진 효소를 만들 수 있지 않을까 생각했다. 피튜니아의 세포 속 플라스미드plasmid에서 파란색 색소를 분리해 토양균에 옮겨 심어 증식시킨다. 같은 방법으로 장미 염색체를 토양균에 이식한 다음 증식시킨다. 피튜니아의 파란색 색소 유전인자 부분을 잘라내 장미 유전자에 합성시키면 토양균에 의해 장미가 파란색 꽃을 피울수 있다는 것이다.

　이와 같은 방법으로 만들어진 것이 파란 카네이션이다. 카네이션도 델피니딘 합성이 불가능한 식물인데, 유전자 합성으로 파란색 카네이션을 만든 것이다. 엽록소의 초록색과 어우러져 보

1964년 개발된 파란 장미인 '블루 문'은 실제로 보면
연분홍색에서 연보라색 사이의 색을 띤다. 일반적으로 생각하는
파란색과는 거리가 멀지만, 사람들은 이 옅은 파란색에도 환호했다.

라색을 띤 진한 파란색이 되긴 했지만, 사람들은 파란 카네이션에 환호했고, 시중에서 비싼 가격에 팔리고 있다.

파란 카네이션에 고무된 학자들은 파란 장미에 도전했다. 2004년 6월, 일본의 식음료 기업인 산토리홀딩스가 20년의 연구 끝에 팬지에서 블루진을 추출해 장미에 이식했다. 그러나 이 장미 역시 과거에 개발된 파란 장미와 마찬가지로 연한 보라색과 파란색 중간 정도의 색을 띠고 있었다. 이것 역시 완전한 파란 장미는 아니지만 현재까지 파란 장미에 '가장 가깝다고' 인정받고 있다.

식물 조작으로 파란 장미를 만드는 것이 어렵다는 것을 깨달은 학자들은 기상천외한 방법을 동원하기 시작했다. 식물에서 파란색 효소를 추출하는 것이 아니라 동물에서 효소를 추출해 파란 장미를 만들어보자는 것이다. 그런데 그 동물이 바로 인간이다. 미국 밴더빌트대학 의대 피터 갱그리치Peter Guengerich 교수팀은 사람의 간에 있는 효소 중 하나인 시토크롬 P450으로 파란 장미를 만드는 연구를 진행했다. 갱그리치 교수는 시토크롬 P450을 박테리아에 넣어 박테리아를 파랗게 만들었다. 효소가 박테리아에 있는 아미노산을 파란 색소인 인디고로 바꾸기 때문이다. 인디고는 델피니딘보다 훨씬 진한 파란색을 띠므로 파란 장미에 안성맞춤이다. 머지않은 미래, 인간의 유전자가 파란 장미를 꽃피울 수 있을지 주목하기 바란다.

참고 문헌

머리말

리처드 플레이스트, 김동광 옮김, 『알고 싶은 과학의 세계』(문예출판사, 2000).

chapter 1. 지구의 비밀을 벗겨주는 과학

일본이 독도를 탐내는 이유
박미용, 「버뮤다 수수께끼는 가스 때문?」, 『주간경향』, 2003년 9월 18일.
박방주, 「'불타는 얼음' 개발 가능성 커졌다」, 『중앙일보』, 2007년 1월 18일.
석봉출, 「동해와 독도 인근 해저의 광물자원」(http://www.dokdocenter.org/dokdo
　　_news/index.cgi?action=detail&number=2969&thread=25r01).
이정모, 「바닷속 노다지를 캔다-하이드레이트」, 『KISTI의 과학향기』, 2004년 4월
　　12일.
정욱진, 「150조 바다 밑 황금 '메탄 하이드레이트' 잠잔다」, 『매일신문』, 2008년 9월
　　1일.
조영삼, 「독도 '메탄하이드레이트' 개발 난항」, 『경상매일신문』, 2014년 7월 30일.

백두산은 정말 폭발할까?
강찬수, 「백두산 대폭발 땐 적도까지 눈 내린다」, 『중앙일보』, 2011년 4월 6일.

박상준, 「폼페이 살아 있는 화석의 비밀」, 『KISTI의 과학향기』, 2004년 5월 26일.

박은호, 「2014년쯤 화산 폭발?…백두산이 심상치 않다」, 『조선일보』, 2010년 6월 19일.

심시보 · 정석우, 「백두산 화산폭발 가능성은?…기상청 대응책 마련」, 『매일경제』, 2011년 3월 2일.

안성규 · 김경희, 「백두산 터진다면 사상 최대 화산폭발 아이슬란드의 1000배」, 『중앙 SUNDAY』, 2010년 8월 8일.

윤대원, 「백두산이 폭발한다고?」, 『전자신문』, 2011년 4월 9일.

이종호, 「백두산 대폭발 땐 재앙」, 『세계일보』, 2011년 3월 10일.

조호진, 「'백두산 화산 폭발' 알려면 '마그마 시추'가 답이다」, 『조선일보』, 2010년 11월 9일.

조홍섭, 「백두산 기지개」, 『네이버캐스트』, 2009년 8월 19일.

원자력발전소는 지진에 안전할까?

강석기, 「한반도는 지진의 안전지대인가」, 『과학동아』, 2004년 7월.

김성균, 「지진해일 22만 명 목숨 앗아가」, 『과학동아』, 2005년 2월.

박승혁 · 정경화, 「전국 뒤흔든 지진, 수능을 덮치다」, 『조선일보』, 2017년 11월 16일.

신호경, 「국내 원전은 지진에 안전한가」, 『연합뉴스』, 2011년 3월 13일.

이해성, 「방사선 차단 '최후 보루' 격납고 손상… '체르노빌 재앙' 올 수도」, 『한국경제』, 2011년 3월 16일.

북한이 남한보다 자원이 많은 이유

강정규, 「첨단산업의 비타민 '희토류'…북한 매장량은」, 『YTN』, 2015년 3월 24일.

구본영, 「잠자는 북 희토류」, 『서울신문』, 2016년 6월 17일.

구정은, 「세계 희토류 3분의 2가 북한에…영국 기업 '합작 개발'」, 『경향신문』, 2014년 1월 22일.

남문희, 「북한 희토류 매장량, 알고 보니 세계 2위」, 『시사IN』, 2012년 11월 26일.

데이비드 엘리엇 브로디 · 아놀드 R. 브로디, 이충호 옮김, 『내가 듣고 싶은 과학교실』(가람기획, 2001).

문경근, 「1억 톤 매장…중 매장량 절반 · 생산량 90퍼센트 차지 사실상 독점」, 『서울신문』, 2015년 1월 9일.

안윤석, 「북, 광물 '희토류' 개발…"사모펀드와 합작"」, 『노컷뉴스』, 2013년 12월 7일.

이길성, 「휴대폰 작아진 것도 '희토류 자석' 덕분이죠」, 『조선일보』, 2010년 10월 26일.

이성규, 「북한 광물의 잠재 가치는 남한의 약 24배」, 『사이언스타임즈』, 2011년 8월 17일.

이재림, 「북한 희토류 20억 톤 매장 추정…생산량은 적어」, 『연합뉴스』, 2016년 6월 17일.

최원우, 「북 희토류 20억 톤 매장 추정…평북 정주 일대 지하자원 가치 '최고'」, 『조선일보』, 2016년 6월 17일.

피터 매시니스, 이수연 옮김, 『100 디스커버리』(생각의 날개, 2011).

핼 헬먼, 이충호 옮김, 『과학사 속의 대논쟁 10』(가람기획, 2000).

우리 집 아래 다이아몬드가 있을지도 모른다

레프 G. 블라소프, 이충호 옮김, 『생각 1g만으로도 유쾌한 화학 이야기』(도솔, 2002).

박수진·손일, 「한국 산맥론(I): DEM을 이용한 산맥의 확인과 현행 산맥도의 문제점 및 대안의 모색」, 『대한지리학회지』 40(1), 2005년, 126~152쪽.

신동호, 「'분리됐던 한반도 2억 년 전 충돌로 하나됐다' 증거 암석 발견」, 『동아일보』, 2002년 10월 20일.

최영선, 「한반도 두 대륙 충돌 합쳐졌다」, 『한겨레』, 1994년 9월 2일.

chapter 2. 사람에 관한 과학

인간은 몇 살까지 살 수 있을까?

김기훈, 「노인의 뇌가 더 현명하다」, 『조선일보』, 2008년 5월 22일.

김영곤, 『인간은 어떻게 늙어갈까』(아카데미서적, 2000).

라메즈 남, 남윤호 옮김, 『인간의 미래』(동아시아, 2007).

박영숙, 「로봇과 미래」, 지능형 로봇 그랜드 워크숍, 2007년 8월 30일.

빅토르 레브르, 「세계 최장수 할머니 잔 칼망」, 『리더스 다이제스트』, 1996년 4월.

신정선, 「죽지 않고 영원히 사는 해파리 급격히 늘어」, 『조선일보』, 2009년 1월 30일.

안종주, 『인간 복제, 그 빛과 그림자』(궁리, 2003).

에릭 뉴트, 박정미 옮김, 『미래 속으로』(이끌리오, 2001).

원호섭, 「150 vs 115…인간 최대 수명 놓고 미 유명 과학자 2인 충돌」, 『매일경제』, 2016년 10월 28일.

이은정, 「노화 메커니즘 규명 장수 비결 밝힌다」, 『과학과기술』 37(1), 2004년, 96~98쪽.

이종호, 『영화에서 만난 불가능의 과학』(뜨인돌, 2003).
이해성, 「'노화 시계' 텔로미어에 암 퇴치 비법 숨어 있다」, 『한국경제』, 2010년 11월
　　　16일.
조현욱, 「인간은 왜 오래 못 사는가」, 『중앙일보』, 2011년 11월 8일.

왜 여자가 남자보다 오래 살까?
과학향기 편집부, 「'약한 자여, 그대 이름은 여자(?)'-No! 여자는 오래 산다」, 『KISTI
　　　의 과학향기』, 2005년 5월 27일.
김홍재, 「여성이 남성보다 뛰어난 6가지 이유」, 『과학동아』, 2001년 9월.
스티븐 S. 홀, 「장수의 비밀을 찾아라」, 『내셔널지오그래픽』, 2013년 5월.
이은정, 「노화 메커니즘 규명 장수 비결 밝힌다」, 『과학과기술』 37(1), 2004년, 96~98쪽.
지은주, 「이브의 뇌·아담의 뇌」, 『브레인미디어』, 2002년 12월.

사리의 정체는 무엇일까?
김재철, 「사리신앙에 관한 연구」, 원광대학교 동양학대학원 석사학위 논문, 2002년.
김진환, 「불교의 사리에 대한 고찰」, 『한국불교학』 11(1986), 179~204쪽.
김한수, 「벽암 스님 '연꽃 사리' 화제」, 『조선일보』, 2005년 8월 11일.
「사리」, 『시사상식사전』(http://terms.naver.com/entry.nhn?docId=68940&cid=
　　　43667&categoryId=43667).
박경준, 『다비와 사리』(대원사, 2001).
신영훈, 『사원건축』(대원사, 1989).
이기준, 「사리서 방사성원소도 검출-인하대서 첫 성분 검사」, 『중앙일보』, 1995년 10월
　　　21일.
전세일, 「인체에 생기는 돌멩이」, 『한겨레21』, 2004년 1월 14일.

냉동 인간을 되살리는 방법
이동률, 「정자, 난자, 배아 얼려 임신 조절한다」, 『과학동아』, 2003년 8월.
이인식, 「21세기 미라 냉동 인간」, 『과학동아』, 2003년 8월.
김수병, 「냉동 인간 부활은 가능한가」, 『한겨레21』, 2005년 7월 7일.
이성규, 「50년 된 냉동 인간, 언제 부활하나」, 『사이언스타임즈』, 2017년 1월 26일.
박종익, 「지구 최후의 날 와도 '곰벌레'는 남는다」, 『나우뉴스』, 2017년 7월 17일.
박태진, 「영하 196도에서 해동을 기다리는 사람들」, 『조선일보』, 2017년 8월 1일.

로드니 A. 브룩스, 박우석 옮김, 『로봇 만들기』(바다출판사, 2005).
수 넬슨 · 리처드 홀링엄, 이충호 옮김, 『판타스틱 사이언스』(웅진지식하우스, 2005).
이종호, 『영화에서 만난 불가능의 과학』(뜨인돌, 2003).

많이 먹어도 살찌지 않는 체질이 있을까?
김신영, 「몸 속 박테리아 따라 '3종류 체질' 나뉜다」, 『조선일보』, 2011년 4월 22일.
김신영, 「박테리아형 따라 병 치료하는 시대 올 것」, 『조선일보』, 2011년 4월 22일.
김희정, 「혈액형은 구식, 이제 박테리아로 체질 분류해!」, 『KISTI의 과학향기』, 2011년
　　5월 23일.
박성래, 『한국인의 과학정신』(평민사, 1993).
손인규, 「창자 속 세균 살피면 체질 보인다」, 『코메디닷컴』, 2011년 4월 23일.
조현욱, 「비만 유발 박테리아」, 『중앙일보』, 2011년 4월 26일.

왜 아프리카 사람들은 피부가 검을까?
이강봉, 「아프리카인 피부는 왜 검을까?」, 『사이언스타임즈』, 2017년 10월 13일.

한국인은 네안데르탈인의 후손
강찬수, 「네안데르탈인 피, 우리 안에 흐른다」, 『중앙일보』, 2011년 8월 27일.
김신영, 「현생인류와 네안데르탈인, 혼종 자식 낳았을 것」, 『조선일보』, 2010년 5월 7일.
윤신영, 「원시인류 네안데르탈인 한민족과 혼혈 가능성은?」, 『과학동아』, 2011년 3월.
이정애, 「'네안데르탈인' 멸종 비밀 풀 열쇠 찾았다」, 『한겨레』, 2008년 8월 8일.
이창묵, 「네안데르탈인의 DNA 분석」, 『동아사이언스』, 2006년 7월 2일.
임성빈, 『빛의 환타지아』(환타지아, 2007).
존 말론, 김숙진 옮김, 『21세기에 풀어야 할 과학의 의문+21』(이제이북스, 2003).
진주현, 『뼈가 들려준 이야기』(푸른숲, 2015).

chapter 3. 일상을 움직이는 과학

위험한 불소를 수돗물에 넣는 이유
레프 G. 블라소프, 이충호 옮김, 『생각 1g만으로도 유쾌한 화학 이야기』(도솔, 2002).
위르겐 블레커, 정인회 옮김, 『누구나 화학』(Gbrain, 2012).

진정일, 『진정일의 교실 밖 화학 이야기』(양문, 2006).

숯불에 구운 고기를 먹으면 안 될까?
위르겐 블레커, 정인회 옮김, 『누구나 화학』(Gbrain, 2012).

막걸리와 와인의 차이
꿈꾸는 과학, 『뒷간에서 주웠어, 뭘?』(열린과학, 2007).
도비오카 겐, 최달식 옮김, 『재미있는 생체공학 이야기』(안암문화사, 1992).
박경준, 「술」, 『과학동아』, 1995년 10월.
전승민, 「생막걸리의 유통기한이 길어진 이유는?」, 『KISTI의 과학향기』, 2009년 10월
    2일.
정수일, 『한국 속의 세계』(창비, 2005).
「우리 술에 담긴 고귀한 문화와 정신」, 국립중앙박물관문화재단, 2009년 겨울호.

복잡한 전선을 깔끔하게 정리하는 방법
김석환, 「전기의 웰빙 선언 직류로 돌아가자」, 『과학동아』, 2005년 2월.
이영희, 「호주 '백열전구 퇴출' 선언」, 『문화일보』, 2007년 2월 21일.
이인식, 『세계를 바꾼 20가지 공학기술』(생각의나무, 2004).
최성우, 「에디슨이 전기의자를 발명한 까닭은?」, 『KISTI의 과학향기』, 2005년 10월
    26일.

벼락을 잡아서 쓸 수 있다면
김수병, 「구름을 다스려 비를 만든다」, 『한겨레21』, 2001년 6월 20일.
서금영, 「번개를 잡아 전기에너지로 쓸 수 있을까?」, 『조선일보』, 2017년 8월 8일.
이충환, 「번쩍번쩍 번개, 요건 몰랐지?」, 『주간경향』, 2007년 7월 10일.

반딧불이처럼 빛나는 가로수
김주곤, 「금싸라기 유전자 발굴하는 DNA칩」, 『과학동아』, 2002년 6월.
마이크 토너, 「빛을 내는 신기한 생물들」, 『리더스 다이제스트』, 1995년 6월.
스즈키 마사히코, 안용근·이종수 옮김, 『식물 바이오테크놀러지』(전파과학사, 1991).
신정선, 「대만 '형광초록빛 돼지' 개발」, 『조선일보』, 2006년 1월 14일.
이종호, 『공부 잘하는 아이 미래 들여다보기』(과학사랑, 2010).

이충환, 「계란에 유전자 주입 '형광닭' 생산」, 『동아사이언스』, 2004년 7월 13일.
조현욱, 「살아 있는 화석, 은행나무」, 『중앙일보』, 2011년 10월 25일.

황금을 만들 수 있다면
김정흠, 「황금의 사이언스」, 『뉴턴』, 2004년 7월.
김태근, 「미생물로 노다지 캔다」, 『매일경제』, 2002년 9월 8일.
리츠네스키, 이창준 옮김, 『생물들의 신비한 초능력』(청아출판사, 1997).
오태광, 「노다지를 캐는 미생물」(http://blog.naver.com/zenkws12/10093990024).
이종호, 「'연금술사' 미생물」, 『세계일보』, 2011년 8월 31일.

chapter 4. 과학으로 엿보는 미래

우주에서 올리는 낭만 가득한 결혼식
김은영, 「산을 넘고 바다 건너 방사선 뚫고」, 『동아사이언스』, 2006년 12월 17일.
메리앤 디슨, 하정임 옮김, 『체험! 우주정거장』(다른, 2007).
백승재, 「적금 타서 우주여행 가볼까」, 『주간조선』, 2006년 2월 8일.
윤석빈, 「'우주 관광' 꿈이 현실로…」, 『소년한국일보』, 2007년 6월 19일.
이충환, 「민간 우주관광시대 멀지 않았다」, 『주간경향』, 2007년 2월 20일.
장성배, 「우주여행① 지구 밖으로 떠나는 휴가」, 『연합뉴스』, 2009년 9월 10일.
한경환, 「2억 원짜리 우주관광시대 온다」, 『중앙일보』, 2007년 6월 15일.
현원복, 『미리 가 본 21세기』(겸지사, 1997).

엘리베이터를 타고 우주에 갈 수 있을까?
김수병, 「엘리베이터 타고 우주로」, 『한겨레21』, 2006년 3월 2일.
안영운, 「영화, 상상력 그리고 현재」, 『M25』, 2007년 8월 16일.
이충환, 「민간 우주관광시대 멀지 않았다」, 『주간경향』, 2007년 2월 20일.
이충환, 「천상으로 뻗은 고속도로 우주엘리베이터」, 『과학동아』, 2002년 10월.

원자력발전소 대신 우주태양발전소
강경희, 「원자력 발전으로 지구온난화 막자」, 『조선일보』, 2007년 2월 6일.
김화영, 「우주에서 지구로 전기 보내~ '우주 공간의 태양열 발전소'」, 『PopNews』,

2007년 9월 20일.

류난영, 「이필렬 교수 "원자력 포기 불가능…에너지 과소비 때문"」, 『뉴시스』, 2011년 4월 25일.

민영기, 『외계인은 존재하는가』(까치, 2003).

민영기, 『화성과 화성 생명체 탐사』(자유아카데미, 2013).

박석순, 「기후변화와 원자력의 부활」, 『서울신문』, 2010년 1월 7일.

박영무, 「21세기 한반도의 현실과 원자력 문제」, 『과학사상』 45(2003), 2~19쪽.

서울대학교 자연대 교수외, 최재천·홍성욱 엮음, 『과학, 그 위대한 호기심』(궁리, 2002).

유상연, 「사막에 짓는 '태양광발전소'가 우주로 간다면?」, 『한화데이즈』, 2011년 5월 24일.

이동헌, 『에너지소사이어티』(동아시아, 2009).

이재형, 『태양전지 원론』(홍릉과학출판사, 2005).

이재환, 「원전, 안전성과 경제성의 함수관계」, 『문화일보』, 2011년 5월 18일.

이종호, 『로봇은 인간을 지배할 수 있을까?』(북카라반, 2016).

이종호, 『시크릿 방사능』(과학사랑, 2012).

이해연, 「'우주 태양광 발전소'와 '우주 레이저 무기'」, 『국방일보』, 2010년 7월 13일.

장호종, 「핵 발전? 대안은 있다」, 『레프트21』, 2011년 4월 21일.

표철식 외, 『훤히 보이는 RFID/USN』(전자신문사, 2008).

「우주 태양광발전」, 『위키백과』.

화성으로 이사 갈 수 있을까?

김상준, 「화성 정복 시나리오, 붉은 행성으로 떠나는 시간여행」, 『과학동아』, 2003년 7월, 58~59쪽.

리츠네스키, 이창준 옮김, 『생물들의 신비한 초능력』(청아출판사, 1997).

빌 브라이슨, 이덕환 옮김, 『거의 모든 것의 역사』(까치, 2003).

A. 베리, 『지구는 멸망할 것인가』(조선문화사, 1993).

이승배, 「스트로마톨라이트」, 『네이버캐스트』, 2010년 12월 10일.

이향순, 『우리 태양계』(현암사, 1992).

존 업다이크, 「화성의 모습」, 『내셔널지오그래픽』, 2008년 12월.

곤충으로 식량문제를 해결한다

곽창렬, 「미서 '벌레 아이스크림' 판다는데」, 『조선일보』, 2008년 2월 16일.

김성윤, 「곤충, 바삭함을 사랑한 인류 최초의 스낵」, 『조선일보』, 2017년 6월 8일.

랍 던, 「놀라운 곤충의 번식력」, 『내셔널지오그래픽』, 2010년 9월.

윌리엄 K. 푸르브 외, 이광웅 외 옮김, 『현대 생명과학의 이해』(교보문고, 2004).

식물에서 자라는 플라스틱

강성현, 「플라스틱 재활용시대」, 『과학동아』, 1992년 12월.

김수병, 「옥수수에서 플라스틱을 딴다?」, 『한겨레21』, 2000년 8월 2일.

내셔널지오그래픽, 「석유고갈」, 『네이버캐스트』, 2011년 8월 27일.

이종호, 「콩으로 만드는 플라스틱」, 『세계일보』, 2011년 10월 5일.

이종호, 『신토불이 우리유산』(한문화, 2003).

진정일, 『진정일의 교실 밖 화학 이야기』(양문, 2006).

페니 르 쿠터 · 제이 버레슨, 곽주영 옮김, 『역사를 바꾼 17가지 화학이야기』(사이언스
    북스, 2007).

파란 장미를 볼 수 있을까?

권오길, 「안토시아닌」, 『네이버캐스트』, 2010년 5월 12일.

김형자, 「불가능이란 이름의 파란 장미」, 『KISTI의 과학향기』, 2004년 4월 26일.

김형자, 「성년의 날에 '파란 장미' 선물하세요」, 『KISTI의 과학향기』, 2010년 5월 10일.

송필순, 「꽃의 색깔을 마음대로 바꿀 수도 있나요?」, 『사이언스타임즈』, 2004년 9월
    6일.

이진영, 「장미 품종 개발 국립원예특작과학원 김원희 연구관」, 『주간조선』, 2010년 6월
    7일.

침대에서
읽는 과학

ⓒ 이종호, 2018

초판 1쇄 2018년 1월 18일 펴냄
초판 2쇄 2018년 11월 1일 펴냄

지은이 | 이종호
펴낸이 | 이태준
기획 · 편집 | 박상문, 김소현, 박효주, 김환표
디자인 | 최원영
관리 | 최수향
인쇄 · 제본 | 제일프린테크

펴낸곳 | 북카라반
출판등록 | 제17-332호 2002년 10월 18일

주소 | 04037 서울시 마포구 양화로7길 4(서교동) 2층
전화 | 02-325-6364
팩스 | 02-474-1413
www.inmul.co.kr | cntbooks@gmail.com

ISBN 979-11-6005-048-6 03400
값 14,000원

이 도서의 국립중앙도서관 출판시도서목록(CIP)은 서지정보유통지원시스템 홈페이지
(http://seoji.nl.go.kr)와 국가자료공동목록시스템(http://www.nl.go.kr/kolisnet)에서
이용하실 수 있습니다.(CIP제어번호: CIP2018000704)